シロチドリの島
淡路に生きる

井上　こみち

砂浜に並ぶシロチドリの親子

波打ち際に群れるシロチドリ。白い体に夕日が映える

ときには水浴びも

砂地でたたずむ

草の生えた砂浜に営巣。
卵が見える

卵は保護色で見分けが
つきにくい

卵を抱くシロチドリ

飼育ケージで「擬傷」行為

保護下の親子

山崎博道は、シロチドリの保護啓発のため、馬運車に絵を描いた(描画はゼルニク早織さん)

シロチドリの島
淡路に生きる

目次

第一章

北国の空に ふるさとを想う

北国で修業

山崎博道は一九四四年、淡路島内＝兵庫県津名郡五色町（現在の洲本市）で、妹と弟のいる長男として生まれた。

淡路島は温暖な気候に恵まれた、瀬戸内海では一番大きな島として知られている。

地元の高校を卒業した博道は、麻布獣医科大学（現在の麻布大学）に進学した。卒業時には獣医師の国家試験に合格。資格を取得した博道は、父親、千里の家畜医院で、牛や馬など大型動物の診療に携わることになっている。

淡路島では牛の健康を守る獣医師が必要不可欠で、博道は千里の仕事を継がねばならなかった。

父親を幼いころから見ていた博道には、牛の先生として、近隣の農家から頼りにされている獣医師は、誇りある仕事だった。

（自分も父親のような獣医になる！）

そう覚悟はしていたものの、卒業が近づいてくると、今のうちに他の土地でできることをしておきたいという思いが頭をもたげてきた。帰郷すれば長期間淡路を離れることはできないだろう。

（そうだ、寒い土地で生活することはないだろう。心身共に鍛えられそうな北海道にしばらくいてみたいな）

北海道生まれの同級生に相談してみると、「それなら知り合いの家畜共済組合で、新人の獣医師を欲しがっているよ」。

渡りに船だった。待ってましたとばかりに北海道に向かった。

そこはオホーツク海に面している野付郡別海村（現在の別海町）の家畜診療所だった。

このころ、北海道内での就職を希望する獣医師は、札幌の施設で一カ月間の研修をしてから、道内各地の就職先に行くことになっていた。

（たった一カ月でも、道内一の街、札幌で過ごせるのは楽しそうだ）

胸をふくらませて札幌入りした。

ところが、いきなり研修期間の短縮が告げられ、なんと一週間だという。札幌の夜の街を散策する余裕などなかった。

高度成長期に入った一九六〇年代の獣医学部の新卒者は、食糧不足を支え、畜産業を発展させる人材とならなければならなかった。

博道たち新米獣医師は、紹介されている別海村の家畜診療所に急いだ。

到着した博道たちの前には、うまそうな匂いのする大盛りのごちそうが並んでいた。

「さあさ、腹いっぱい食べて、食べて」

診療所のスタッフたちの、ぬくもりの伝わってくる言葉がうれしかったが、新米たちが食事を楽しめたのは、この日だけだった。

けれどもうまい飯は、空腹を満たした上に心も温めてくれた。

翌朝からは暗いうちに起こされ、牛舎に急がなければならない。

（勉強しながら給料をもらえるんだ。ありがたいと思わなければ）

何よりも仕事に励むことができたのは、先輩や地域の人たちの素朴な人柄のおかげだった。新米獣医師を見つめる牛たちの穏やかな眼にも癒された。

博道は、ふるさと淡路の人々の温かさに共通するものを感じとった。

カラリとした風も心地よく、しばらくは目を閉じていたい気分になるが、そんな暇もない日々が続いた。

ある日、思いがけない安らぎの時間ができた。

「ここで少し休んでいこう」

車で出かけた牧場の帰り道、先輩が車を停めたのは、湖のほとりだった。

向こう岸が見えないほど大きな湖は風蓮湖(ふうれんこ)だった。湖畔の草の上に腰を下ろすや、眠気に襲われ、横たわってしまった。

(淡路はもう春やろな)

草の上に寝ころんで目を閉じるや、大いびきをかきそうになった。

バサッ。

大きな鳥の羽ばたく音がした。

と、鳥は博道の顔をかすめるようにして飛ぶと湖面に降り立った。

あわてて起きあがった。

(ハクチョウ?　オオハクチョウだっ!)

オオハクチョウは道東の三白といわれている代表だと、聞いたばかりだった。

三白のあとのふたつは、タンチョウとオジロワシか?

淡路の〝白〟といえばシロチドリだ。幼いころから砂浜にいるのがあたりまえの鳥だ。何百年も前に歌に詠まれているくらいだから、人の近くで生きていたのだろう。

スズメよりひと回り大きいが、スズメのように軒下など人のいる場所では営巣していない。ほぼ一年中砂浜や河口に生息し、小さな魚やエビ、トビムシ、ゴカイなどをエサにしている。

淡路には〝花とミルクとオレンジの島〟というキャッチコピーがある。

（淡路の三白といったら何かな。まずシロチドリ、白い砂浜、それから……）

体のわりには、細い脚のシロチドリは渚を滑るように早足で歩く。その愛らしい姿が博道の頭をかすめた。

島ではシロチドリを「チドリ」と呼んでいる。チドリと言えばシロチドリのことだ。寒い間は浜辺に集まってよく群れている。

人が近づくや素早く飛び立つ。

淡路の春は北海道よりはるかに早いので、シロチドリをはじめ、野鳥たちは繁殖の準備に入っているころだ。

（ここにいる間に、北海道ならではの鳥をたくさん見たいものだ）

帰路の車の中でそう願ったが、鳥を観察するゆとりのないまま、二年間の北海道での

淡路島で「チドリ」と呼ばれるシロチドリ

修業生活に別れを告げた。

博道が淡路にもどったとき、弟の俊道は東京農業大学で学生生活に入っていた。

幼いころから生きものの観察が大の得意の俊道は、とくに昆虫には詳しい。珍しい虫の名前が耳に入るや、相手かまわず話にわりこんでいっていた。生息場所を聞きだすと、何度でも確かめに行くのが、俊道にとってはあたりまえのこと。分かるまで調べ続ける日常なのだ。

そんな俊道は中学生のころ、博道に、

「淡路に生まれてよかったと思っている?」

「……」

「ぼくはよかったと思う。淡路にはまだぼくらが知らない生きものがたくさんいるから、自分の目で見て確かめたい」

いつもうれしそうだった。

俊道は、小学校入学前から、何種類もの虫を飼

父の千里（右）と弟の俊道。1960 年

育して観察しては記録をとっていた。

「いっぱしの学者みたいやな」

俊道のメモを覗きこんだ父の千里は、目を細めていた。

博道は子どものころから強い探究心を持っている弟がうらやましかった。

俊道は気になる動植物を目にすると、すぐに調べ始める。専門書を見たり人に聞いたりする。納得するまで諦めようとしない。農業大学を選んだのも、専門的に学べると思ったからだった。

あるとき、博道の耳に千里と俊道のやりとりが入ってきた。

千里は虫を例にとって話していた。

「人の体に寄生する虫にしても、牛の皮膚につく虫も小さな生物に棲みつく虫にしても、どれも人間にはない知恵があると思う。調べてみる価値があるな」

俊道の探究心を励ましている千里に、

「調べてみる。分かったことはすぐにお父さんに報告することにします」

俊道は目を輝かせて応えていた。

本邦初のコオロギ発見

博道と俊道には、千里が発見した生きものの忘れられないエピソードがある。

千里が中学生だった一九三一年にさかのぼる。

国内ではそれまで確認されていなかった大型コオロギを発見したことだ。

夏休みも終わりが近づいたある日、千里は友だちと二人で、海産動物の標本作りのために、手こぎの小舟で鳴門海峡に面した福良湾にこぎだしたときのこと。

「めずらしい生きものが見つかるといいな」

小舟を操りながら出発した途端に、櫓の柄が折れてしまった。進むことも引き返すこともままならない。

小舟には慣れていない。ゆられているうちに、湾内の無人の小島に漂着した。お椀をふせたような形の煙島（けむりじま）だった。

二人は上陸することにした。原生林が生い茂る神秘的な島内を歩いていると、聞きなれない虫の音が聞こえてきた。

ギイー。

「何だ、あの声は」

「コオロギにしては甲高くて大きな声だな」

さらに耳を澄ました。

「こんな鳴き声を聞くのも初めてだ」

このころの千里は、六種類ほどのコオロギの名を言いあてることができたが、煙島にコオロギがいるとは知らなかった。

声をたよりに崖をよじ登っていくと、朽ちかけた木の幹から、大型の虫が飛び出してきた。コオロギにそっくりだ。

触覚の長い灰褐色の虫の形はコオロギに違いないが、コオロギが木の上に棲んでいるのか？

千里は、胸の高鳴りをおさえながら二匹を捕まえると、脱いだシャツにくるんだ。

浜に下りた二人は、程なく通りかかった小舟に乗せてもらい、帰宅できた。

正式名の確認できない虫は標本にして、東京大学の動物学教室で調べてもらえる。動物学教室には千里が親交のあった石川千代松教授がいる。煙島騒動から三カ月ほどした十一月の末のこと。

石川教授のもとで動物学を勉強をしているという研究者から手紙が届いた。

コオロギに関して学位論文をまとめているので、協力してもらいたいという。コオロギが、冬にどのように生命をつないでいるのかを知りたい。煙島に連れていってほしいというものだった。

千里にも興味あることなので、観察採集に同行する約束をした。

冬の昆虫採集は、千里にとって初めての体験になる。

十二月初め、寒さにふるえながらの現地入りとなった。

枯木の洞の中を探し歩くこと数十分。

本邦初発見地の煙島のクチキコオロギ。
上がオス、下がメス。体が扁平、短いハネが特徴

いた！　いた！

が、動いていない。

指でふれてみると微かに動く。

生きている。越冬している。成虫だけではなく、幼虫も卵もいるではないか。

やがて越冬コオロギ発見の知らせは、生物学界に報告され、千里たちは本邦初のコオロギの発見者とされ、大いに誇れる話だった。

「クチキコオロギ」と名付けられ、そのふるさとは、煙島と記録された。

　クチキコオロギは、それまでは「オオコバネコオロギ」と呼ばれていた。大きな体のわりに羽が小さいという理由からだった。

　クチキコオロギは、エンマコオロギと並んで本邦最大級とされた。

　台湾など南方のジャングルにはよくいるコオロギだという。いつどのようにして煙島にやってきたのだろう。人が踏みこむことがなかったとしても、天敵に襲われることもなかったのか？

　この発見からしばらくして、クチキコオロギは局所的だが、北は千葉から南は九州にかけて太平洋岸に分布していることが、研究者の調査でつきとめられた。

　千里の生きものを愛しく思う心は幼いころに芽生えたのだろう。が、それを決定付けたのは、周囲四〇〇メートルほどの島のコオロギとの出会いにもあったようだ。

　この島には源平合戦の伝説がある。島に運ばれた平家の武将の遺体が焼かれ、上がっ

南あわじ市の福良湾に浮かぶ、煙島

た煙から島の名がついたという説だ。

千里が煙島にまつわる歴史を知ったのは、ずっと後のことだった。

千里、従軍獣医師になる

千里はクチキコオロギ発見がきっかけで、そのころ東大農学部に新設されたばかりの「獣医学実科」に進学することができた。

勉学期間の後、鳥類研究の第一人者といわれていた農学部の先輩の勧めで、農林省入りした。ここでの鳥類の試験場での活動を皮切りに、生きものとの関わりはさらに深まっていった。

けれども、この時期は第二次大戦の最中でもあり、戦争は生きものの調査研究の時間を千里から奪った。

従軍獣医師の任務で中国大陸へ赴かなければならなかった。

昔から馬の生産地でもある淡路は、多くの馬たちが戦地に駆り出されていた。

千里の赴任の使命は、それら軍馬のケアにあたるためだった。戦争前には国内に一四〇万頭いたという馬のうち、淡路からは半数に及ぶ七〇万頭もが戦地に送り出されていた。

〝生きた兵器〟といわれている馬も、負傷してしまえば、やっかいものだ。もがき苦しんでいる馬を、置き去りにするのは忍びない。千里は、それら馬の処分にもあたらなければならなかった。

安楽死させてやることなどできない。

欠乏している薬剤を工夫して、少しでも苦しみから解放してやる方法を千里は考えた。これらの処置行為は、千里の胸の奥底からいつまでも消えることはなかった。

任務を解かれ帰国した千里は、新設の高等獣医学校（現在の帯広畜産大学）の教授の職を薦められた。これまでの仕事ぶりが認められたからで、名誉なことだったが、気持ちの切り換えに時間がかかった千里は、教授職を受けることはなかった。

時間の許す限り生きものに密着していたかった。けれども、戦意高揚、戦果に結びつかない研究などは、公的な仕事としては認められない。ひっそりと行うしかなかった。


一九四五年八月、終戦。

千里は、家畜の健康を護り繁殖につなげる仕事で、島中を走り回ることになった。

欠乏している食糧の回復にも取り組まなければならなかった。

おちこんでいる暇はない。島内を移動している途中、道沿いの木陰から野鳥のさえずりが聞こえる。ひととき慰められた。

傷ついて動けないでいる野鳥を見つけると連れ帰って手当てしていた。

幼かった博道、俊道兄弟は、薄暗い明かりの下で、野鳥に話しかけながら治療をしている千里の背中を見つめていた。

「助かるといいね」

「大丈夫だよ。心配するな」

千里はふりかえって笑顔を見せた。

翌朝、早起きした二人は餌をねだるように小さな声を上げる鳥に、ホッとした。

俊道は独自に、島内の動物たちの観察にとりかかり、生息域調査活動を始めていた。

地道な俊道の作業は、島の酪農協同組合などの仕事を受けることにつながり、島にとって大切な働き手になっていた。

その俊道が、後に淡路島内でクチキコオロギを再発見をすることになろうとは……。

誰にも気づかれることなく、俊道に見つけてもらうのを待っていたかのようなクチキコオロギ。千里が煙島でクチキコオロギに出会ってから四十三年後のことだったが、島内でクチキコオロギの新生息地が次々と見つかっていくきっかけとなった。
俊道の島の生きもののきめ細かな調査と報告活動の評価は高まっていった。
丹念な調査作業は、俊道を兵庫県の自然保護指導員へと押し上げることにも繋がった。

第二章

シロチドリたち よろしく！

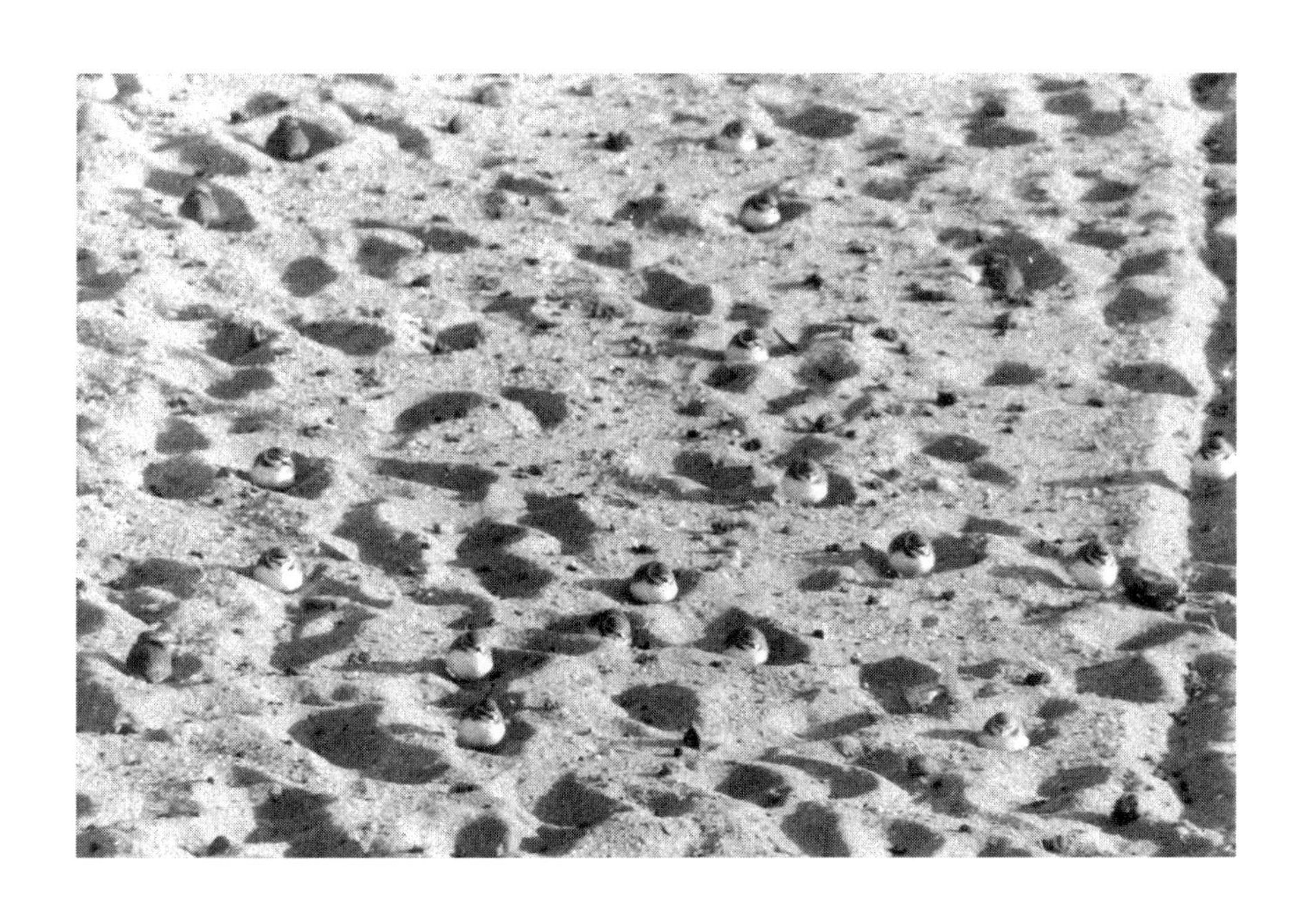

ミカドキジを育てる

北海道から戻った博道は、千里と共に診療先の農家などへ挨拶に回ることになった。

「若先生、しっかり頼みますよ」

あちこちで肩をたたかれる博道に、千里はテレくさそうに笑っていた。

博道は挨拶回りが済むと、慶野松原に出かけた。

淡路島内では最高の景勝地と評されている慶野松原は、その名が示しているように、風情ある松がたくさんある。根が地上に盛り上がっている〝根上がり松〟などは、樹齢二〇〇、三〇〇年といわれていて、他の地域の松に比べて風格がある。

また、この浜の夕日は、島民の自慢のひとつでもあった。

淡路に生息しているチドリ類の代表のシロチドリは、平安の時代から多くの歌人に詠まれている。

白砂青松の景勝地、慶野松原

かつてはどの浜にもいたシロチドリ

シロチドリはどの浜にもいる鳥だと思われていたが、どのくらいの島民に知られているのか。今はどうなっているのか？

島民に問うからには、一度しっかりと調べてみなければ、と博道は思った。

すっきりしている体に、細くて長い足の親の後をついて走るヒナ。ヒナのふわふわした体は、見る者の心もふんわりさせ、抱きよせたくなる。

（今はどうやろか。変わらんやろか）

博道は両手を思いきりのばし背伸びをした。

すると、

ピピッ　ピピッ　ピピッ。

（シロチドリの巣があったんか。すま

砂浜に作られたシロチドリの巣。卵と孵化（ふか）直後のヒナ

ん……）

　腰をかがめて、周囲を見回してみると、砂に浅いくぼみがあった。

（こんなところで巣作りしていたら、犬や猫にすぐに見つかってしまう。カラスの餌食にもなってしまうな）

　無防備な巣に、顔を近づけてみた。

　くぼみの回りの鳥の足跡は、まぎれもないシロチドリのものだ。

　この環境で卵が孵（かえ）ったとしても、ヒナが成長していけるのだろうか。

　博道は転がっていた卵の殻をティッシュペーパーにくるんで、ポケットにおさめた。

　やがて、太陽は水平線にのみ込まれた。

　拝みたくなるほどの光が消えていくと、博道の気持ちも沈みかけていた。

　家に戻るや千里に、

「以前は、慶野松原にはシロチドリがたくさんおったよね」

「年々少なくなってはいるが今もおるよ。春から夏にかけてが繁殖シーズンだ。もう営巣が始まっている。これを見てごらん」

千里は、ところどころシミのついた何冊ものノートを博道に渡した。鳥の研究をしている友人から届いたというシロチドリの調査記録だった。

「診療の合間にメモしておいたままなので、いつか、まとめたいんだが」

千里独自の記録や、淡路島内の浜での生息数などの新聞記事もあった。

博道がそれらの記録を見つめていると、

「専門に研究している学者もおるが、おまえにも調べてほしい。確かな記録があれば、自信を持って人にも伝えられる」

「お父さんはもう観察をやめるの？」

千里は大きく首をふった。

「いいや、おまえたちだけに任せているつもりはない。俊道も自分なりに調べている。われら三人組、いや三羽ガラスが本気になれば強力だ」

「三羽ガラスか。三羽キジでもいいね」

博道が三羽キジと言ったのは、このころの千里は、絶滅の心配のある六種もの外国産のキジを三十羽ほど飼っていたからだ。

キジの飼育に関わる前の千里は、若いころの一時期、鳥類の狩猟をしていた。それが博道が生まれてからというもの、傷ついた鳥は保護して、元気になれば放鳥し、弱っているものは、飼い続けるようになった。

助けた鳥たちに、研究の協力をしてもらうこともあったようだ。

鳥の中でも興味を抱いたのがキジだった。貿易商から珍しい種のミカドキジのつがいを譲りうけることができたときは、目を輝かせていたと、母親から聞いたことがある。

そのつがいから生まれた六羽のヒナの成長は、鳥類愛好家たちからも讃えられたという。

ミカドキジは、台湾で新種として認められてから、五十年程しかたっていない時期だったからだ。

専門家たちには珍重されたミカドキジだったが、千里にとっては育て上げる喜びを与えてくれた最愛の鳥で、それからキジ類を多く飼育するようになっていった。

「鳥を死なせずに飼うだけなら趣味の域。飼育下で繁殖させることにこそ意義がある」

このときの、千里の語気の強い言葉が博道の頭にこびりついた。

「殖やしたミカドキジを、台湾で放鳥してやりたいものだ」

繁殖を成功させるための第一条件は「餌」にあると確信した千里は、専用の野菜園を設けて、農薬を使うことなく、注意深い管理を怠らなかった。

博道は、始めたからにはやり通す千里の取り組みにいつも感心していた。

獣医師の立場からも自らを戒めていたのかもしれない。

理に適った目的と知識がないまま飼うことは許されない。野に生きる命を人間が無駄にしてはならない。

そう自らを戒めていた千里が望んだ台湾での放鳥は、叶うことはなかった。

当時の社会状況をかんがみた千里の判断もあったようだ。

野鳥の人工飼育については、現在でも特別の事情がない限り、許されてはいない。

当時の役所が最低限必要な手続きの上で許可したのは、獣医師としての千里の人望もあったからだ。

撮らずにはいられない

博道はさっそく千里に、砂のくぼみから飛び立ったシロチドリの話をしてみた。

「あんなところで、卵は育つんやろか」

「あれは巣ではない。人の歩いた跡のくぼみを利用して休んでいるんだ」

風の強い日などは、寒さを避けるために使っているのだという。

「人間をうまく利用しているとは、鳥の知恵はたいしたもんや」

「生きものはそれぞれ人間には無い知恵を持っている。侮ってはいかん」

「使わせてもらって、ありがたいと思っているんやろか」

「それはどうかな」

博道は、シロチドリの賢さに舌を巻いた。

二人の鳥談義は夜半まで続いた。

シロチドリが国内のあちこちの浜辺や河口にいるとは聞いていた。しかし、その実態はどのくらい知られているのか。

寒冷地で生まれ育った鳥たちも、それぞれの環境に適した方法で生きているはずだ。

風蓮湖の周辺でも、いろんな生きものが観察できたはずなのに……。

北海道での二年間が、今さらのように悔やまれた。

国をあげて高度成長に向かっていた六〇年代に入り、淡路島も遅れをとるまいとするかのように、目を見張るようなしゃれた建物が増えはじめた。

観光客招致のための施設造りは必要だが、開発を優先させれば自然は壊される。生きものの命は脅かされ、いずれは消滅していく種もあるだろう。

ある朝、千里は博道に、浮かない顔で
「シロチドリがこれからどうなっていくかは人間の行く末にも関わっている。野生動物が危険だらけの環境で生きていくのは厳しい。繁殖はさらに難しい。目の前の利益にふりまわされ、いざ、自分の身にふりかかってきたときに気づいても遅いのになあ」

博道も同感だった。

「シロチドリの研究をしている学者はいる。でもなかなか発表をしない。充分な資料が無いからかもしれない。データが必要だな」

「ぼくもそう思う」

博道はうなずいた。

「気になっている者がとりかかるしかない。早い方がいい。繁殖期の今がチャンスだ」

「慶野松原周辺から調べてみるよ。これまでの資料を確認して、現場を歩いてみる」

背中を押された博道だった。

博道は早朝と夕方、シロチドリの観察にとりかかることにした。

望遠レンズ、双眼鏡、カメラ、テープレコーダー、メモ用具などで大荷物になった。

それにエネルギーの素のにぎり飯とお茶の水筒。いざ、出陣だ！

奮い立ったものの、眠気には勝てない。

のろのろと起き上がり、目をこすりながら出発。シロチドリの営巣地と思われる場所から一〇〇メートルほど離れた木陰に車を止めた。

砂浜にはシロチドリのものと思われる、かすかな足跡がある。

ピピッ　ピピッ　ピピッ。

かん高く透き通った声が上がった。

わずか二メートルほど先に巣があった。

足音を忍ばせ耳を傾けた。

するとこんどはせわしなく、
ピィッヨ　ピィッヨ　ピィッヨ。

危険を察知して仲間に知らせているのか。

そっと近づいてみた。

いた、いた。いたぞ!

砂とそっくりな模様の一羽が、わずかな草の砂上に坐っている。

胸の純白の羽毛、灰褐色の背中。

なんともいじらしい姿だ。双眼鏡のレンズごしに、キリリとした目で博道をにらみつけているではないか。

（じゃませんよ）

博道の心の声が聞こえたかのように、シロチドリは、また高い声を放った。

（離れろといってるんか。ごめん、ごめん）

でも、博道は足を動かさなかった。いや動かせなかった。

と、シロチドリはスッと立ち上がった。

シャキッとしていて恰好いい。

思わず見とれてしまった。

心の中であやまりながらも、卵にカメラをむけ続けていた。

撮れた！　撮れた！

数分後、親鳥は巣にもどると卵を抱えた。

博道は、巣の近くのわずかな草を目じるしに、その場を離れた。

（節度を守らねば失礼やな）

好奇心だけで行動してはいけない。

卵を護るシロチドリ

これまで博道には、自分は冷静を保てるタイプだという自信があったが、このときは、〝観たい、撮りたい〟を抑えられなかった。

帰宅して、このときの様子を千里に報告し、観察を続ける決意を伝えた。

博道はこの日のシロチドリの写真に大いに満足した。あいらしさ、りりしさ、力強さ、健気さが溢れでている。シロチドリにひきこまれていく自分に、半ばあきれながらも自画自賛していた。

（まず自分で自分を褒めてやらんとな）

千里の資料と照らし合わせながら、記録をとろうと決めた。

それからの二年余り千里の励ましのもと、シロチドリ観察に没頭することになった。

第二の餌場は川洲だった

シロチドリは冬の間、集団で移動しながら餌探しをしていることが多い。博道は餌の乏しい時期の採餌に注目した。

博道は一月下旬の冷たい風の吹く朝、確かめたいことがある慶野松原に急いだ。

シロチドリは、人の接近を察知するや、まとまって上空に舞い上がり、彼方へと飛び去ってしまう。

年末近くまでは、数十分のうちに飛び立った近くの場所に戻ってきていた。それが年が変わってからは、長時間戻らなくなった。

(どこまで行ったんや?)

浜辺での餌が少なくなり、不足を補うために、川洲に通っていたことが、観察しているうちに分かったのだ。

淡路島では最大の川、三原川がある。

干潟には、シロチドリの好むゴカイなどの生きものが湧き出るように現れる。

また、川の近くの池にも、水抜きされると干潟ができ、川洲とともに「第二の餌場」になっていた。

それを確かめることができた。

(シロチドリの仲間意識はたいしたもんや。みんなで知らせ合っている)

拍手してやりたい博道だった。

シロチドリの好物のユスリカの幼虫が発生する春先まで、「第二の餌場」への飛来は続く。ユスリカの幼虫は、排水されて干潟になった池に大発生するのだ。

三原川上流の大日川が合流する地点にも洲が現れ、冬の鳥たちの食卓になっていた。

砂浜を集団で飛ぶ

二月下旬になると、つがいごとの採餌行動が盛んになる。繁殖期に備えて体力を蓄えなければならないつがいにとって、第二の餌場は欠かせない栄養源の場になっていたのだ。

採餌にかける時間はけっこう長い。空腹がシロチドリを粘り強くさせているのか。

洲では片脚を前に出し、地面を叩きながら餌を追い出してはついばんでいる。

（これを観ている自分も、エライ！）

春が近づくにつれ、各洲は特定のつがいが占有するようになる。すると縄張りができる。

底の広い川は他の洲の何倍もの餌が採れるようで、とくにエビがたくさんいる。

シロチドリたちは、水面に洲が現れはじめると、三〇分から一時間の間に飛んでくる。

シロチドリは海水の満ち引きに影響される

川の水位も心得ている。洲は満潮時は完全に水没するが、潮が引き始めると、特定のつがいがやってきている。互いに情報交換しているようだ。

洲の出現時刻が毎日五〇分ずつ遅れてくるのも分かっているようだ。

まれに洲が現れる前に飛んできているのは堤防の上で待っている。

見ているうちに、笑みがこぼれてしまう。

（たまには勘ちがいすることもあるんか。それにしてもよう分かってる。もうすぐ繁殖の時期だ、がんばれよ！）

博道はこの後から、連日の観察メモをまとめてみることにした。

●営巣について
一つがいごとに分かれて、砂浜や海岸近くの埋め立て地などで営巣する。

砂を掘りおこし、直径数センチのくぼみをいくつも作り、その中の一つに産卵する。

たくさんのくぼみは、擬巣（ぎそう）と言い、オス、メス共に作る。

●産卵について
一日おきに一個ずつ産み、三個になると、抱卵に入る。

卵の地色はクリーム色で一面に黒や褐色の小さな斑点がある。砂つぶや小石に似ていて外敵から守られている保護色。人の目でも卵とは気づきにくい。抱卵から二十四～二十六日でヒナになる。

●大きな卵について

卵の重さは九グラム前後。親の体重は五〇グラムほど。親鳥の五分の一もの重さは、他の鳥の卵と比較して極めて大きい。

孵（かえ）ると、二、三時間後には砂の上を小走りできる。そして、二十七日目には低く飛べるようになる。

ヒナが地面に臥して動かなければ、保護色が効いて外敵に見つからない。またヒナは健脚で動きが速いので、うまく敵から離れることができれば助かる。すぐに動けるのは、卵の大きさと関係があるのかもしれない。

大きな卵はシロチドリに味方している自然からの賜物のようだ。親鳥はヒナに口移しの給餌をしない。ヒナは生まれて数時間のうちに、くちばしで砂をつついている。

早くも餌探しをしている貪欲なヒナたち。

危険を察知するや、草むらや石のかげに身を潜めて、声も上げず微動だにしない。

シロチドリの〝保身術〟には脱帽だ。

そして、博道はこの観察を通じて発見ともいえる出来事に遭遇することになった。

それは、なじみになっている川の洲へ飛来するつがいの状況から、砂浜での抱卵行動が推察できたことだ。

エビをはじめゴカイ、カニなどが豊富にいるのでシロチドリが活発に採食をしている。

お気に入りの洲にいた二羽連れが、四月下旬になるとオスだけになった。メスは浜で卵を温めているのか?

(どこで餌を食べているのかな)

ところが、暗闇が迫るころ、オスはメスと入れ替わっていた。数分後にはメスが川洲に飛来してくる。浜と川洲の距離は一・五キロ。交代には妥当といえる時間だ。

博道の身についている〝まめに時計を見る〟が役に立っていた。

予備情報なしのシーンに出くわしてしまった驚きとうれしさはひとしおだ。

卵を護るための知恵は、このつがいだけのことなのか?

資料本によっては、シロチドリの抱卵はメスだけとされていたし、博道がこれまで見てきたのもメスの抱卵場面だけだった。

この日の抱卵交代の舞台は砂浜だった。

大発見をしたような気持ちになり、胸はほっこり。帰り道の足どりは軽かった。

この後の何回もの観察で、シロチドリにとって「抱卵交代」は、特別ではないことをつきとめることができた。

交代の時間には、合図の鳴き交わしをしているようだ。

この抱卵交代は、観察の大切さを再認識させるものだった。

そして、シロチドリにのめり込んでいく気持ちを加速させるものでもあった。

これまで、シロチドリの抱卵交代は、なぜ知られていなかったのか。

それは自分自身も含めて、夕方から夜間にかけての観察をおろそかにしていたからではないか。観察に対しての心構えも欠けていたからではないか。

その後の繁殖期の観察は、営巣地から十数メートルほど離れた盛土の陰に陣取った場所で、一日二回、行うことにした。

朝は日の出前三〇分、夕方は日の入り後三〇分がほぼ適切といえる交代時間だ。

この定期交代に対して臨時に抱卵交代をすることもある。暑さ対策で頻繁に交代することで卵を護っているのだろう。多いときには一時間に五、六回も交代していることも確かめられた。もしも酷暑の中で一時間も抱卵を続けていたら、親は命を失ってしまうにちがいない。人はこの時期には裸足で砂上を歩けないのだ。シロチドリはこの熱さをどの程度感じているのだろう。砂に触れないように走れる技でもあるのだろうか。

親鳥が卵の命を護り続けることは生易しいことではない。自らも命を失ってしまう危険と隣りあわせの子育てなのだ。

若鳥にとって、成鳥になるまでの行動には涙ぐましいものがある。

七月に入ってからは、それまでとは別の浜辺での観察例も記録することにした。

腐敗して砂上にころがっている卵があったりすると、思わず手を合わせてしまう。

・定期交代　日の出交代　　オス↓メス

　　　　　　日の入り交代　メス↓オス

　　　　　　（昼間はメス、夜はオスが抱卵）

・臨時交代　暑中交代　頻繁にくり返す

　　　　　　その他の要因に、外敵の出没が影響している。

臨時の交代では、自由になった方は巣の一〇〇～二〇〇メートルの範囲内で採餌し、近くの草陰で休憩していることもある。

疲れ果てた人間が肩で息をしているような感じだ。どれもが博道の心をつかんで、ますます目を離せない。

こうなったら、産卵シーンも撮らねば。

観察には、いや観察させてもらうには、巣から十数メートルほど離れたところの低い木陰が適している。その時間帯はうす明るくなってくる朝方と夕方の二回。三〇分ほどかけて、機材をセッティングしてチャンスをうかがう。

目標を定めた目的の場所に通いはじめて四日目。足音を忍ばせて近づき、風にゆられる草に同化するように坐りこんだ。砂にとけこむような色合いの被写体に、目を凝らしていた。

と、チャンス到来。

巣の上に立ち上がったメスは、クルクルと回ってはしゃがみこむ。それをくりかえした後に立ち上がる。中腰になってみた。

産んだ！　ついに産んだぞ！

興奮したせいか、写真はピンぼけ。このシーンの撮影は、後に人工飼育と繁殖に取り組むようになったときに成功した。

この巣でのつがいの抱卵は、昼間はメス、オスは夜間で早朝と夕方に交代。日の出前三〇分、日の入り後三〇分に正確に交代が行われている。猛暑の日には、一〇〜二〇分間隔で交代をくり返している。交代後は気が抜けたかのような、息切れ状態で休んでいる。親鳥はそうしている間に体力を回復させているのだろう。

天候不順が続くときも、外光の明るさと気温を味方にして、臨機応変に動いている。

すでに明らかにされている生態や習性であっても、自らの目で確認した満足感は、何にも代えられない。

シロチドリは授かった知恵を使いこなしているだけではない。子どもの命を護らねばという強い意思がうかがえる。

えらいぞ、シロチドリ。

繁殖期は四月から八月上旬の間だが、観察には、五～六月が適している。

七月に入ると孵化率が低くなるからだ。

ヒナは四十日を過ぎると、親元から離れて南方へ渡っていくものがいる。

多くは、八月いっぱいは生まれた所にとどまっている。その後「渡り」といっている移動をする。

ヒナの育雛中に、二回目の産卵を始める例や、ヒナが巣立ってから二回目の産卵をする例もあるのが、観察で確認できた。

また、卵を途中で失うと、早いもので五日目には再び産卵するものがいるが、多くは十八～十九日目に再産卵している。

卵が奪われたり、ふみつぶされるなど危険な目に遭うと、他の浜に移動する場合がある。

そしてそこで再産卵することも分かった。

シロチドリは子育てには必須条件の安全な環境、餌が採れる場所を見極めている。

そして、条件が整えば、一シーズンに、一つがいから、六羽のヒナが育つことになる。

シロチドリから「しっかり見ているように」と、何度も言われているような気がしてならない博道だ。

薄暮(はくぼ)の目覚め

シロチドリがこちらの思いを受け止めてくれたと、確信できることがあった。

慶野松原の浜の午後三時頃のこと。

おやっ？

二十羽ほどのシロチドリが、観光客などがつけた砂浜の足跡のくぼみで眠っている。

みんな風上を向いて坐っているのは、西風が顔に当たるのを避けているのだ。

（ここで眠っていたら寒いやろに）

博道はゆっくりと後ずさりしながら、坐りこむと、シャッターを切る。

日没三〇分後、あたりが暗くなるや、シロチドリは、ほぼ一斉に目覚め、示し合わせたように立ち上がり、羽づくろいを始める。

両翼を垂直に上げたり、三〇センチほどジャンプしたりを五分ほどくり返す。

そして、
ピピッ　ピピッ。

次に合図のかけ声のように

人の足跡のくぼみに入り、風をさけながら眠っている

ビビーン　ビビ〜ン。

抑揚のある鋭い声を上げながら、博道の前をかすかな風を残して通過し、空に吸い込まれていった。

「薄暮の目覚めか。これはシロチドリ特有の習性かな？　それにしても薄暮とは雰囲気のある言葉や」

二時間ほどして、同じ場所に行って、懐中電灯で探ってみた。と、真っ暗闇のなか、浜全体に広がって機敏に採餌していた。

晴天時の採餌時刻は、ほぼ同じだが、曇りや雨天時は決まってはいないようだ。

空の明るさの変化の刺激が、目覚めを誘発しているらしい。天候がはっきりしない日は、しばらく採餌を続けている。

群れでの行動をしていないので薄暮の目覚めもない。

晴天時の目覚めの時刻は正確だが、曇りや雨天時は曖昧といえる。空の明るさの変化が目覚めを誘っているのだろう。

抱卵交代の時刻も晴れた日ははっきりしているが、曇りや雨天では不規則だ。

朝は日の出前の三〇分。夕方は日の入り後の三〇分だ。

成長するにつれ、二〇分ほど採餌後、一〇分間の休眠。そしてまた採餌を一日中くり返している。

博道は「ひねもす活動型」と名づけた。

それにしても、薄暮の目覚めには、浜の寂しさが増すばかりである。

古くから詠まれているチドリの歌に夜の情景が多いのは、シロチドリが夜行性の鳥だということを示していたのだ。

平安の人々は薄暮の目覚めを知っていたに違いない。そんな想いを深めていくうちに、博道はしんみりしていた。

その後、気に入っている「薄暮の目覚め写真」を新聞社に送ってみた。すると
《淡路島　通う千鳥は　砂のベッドで　寒さしのぎ》

というタイトルが付いて、砂のくぼみで同じ方を向いて坐っているシロチドリの写真が

掲載された。

思いがけないことに、その写真がきっかけで、絵本制作に協力することになり『はまべのちどり』（山崎博道・作、氏家あゆ・絵）という絵本ができた。

博道に望外の歓びを与えてくれた絵本は、シロチドリならではの魅力ある絵が描かれていた。写真と博道の解説文も載り、うれしくもあったが、分かりやすい文章を書くことの難しさも知り、これまで味わったことのない体験ができた。

保護色の天才

初夏の曇り空の朝のこと。

通い慣れたシロチドリの巣で、ついに〝孵化〟に立ち合うことができた。

親鳥がモソモソとおちつきのない動きを始めたので目を凝らした。

殻のすきまから薄茶色の羽毛が見えた。

ヒナが生まれたのだ。柔らかそうな羽がぬれているのも分かった。

まるで博道が来るのを待ってくれていたかのような誕生だ。

親鳥は左右の向きを変えては、ヒナを抱えなおした。孵化は翌日に持ち越されるのもいるが、ほとんどは同時に孵る。ヒナたちはうろつくこともなく、親に密着している。ヒナは完全に昼行性で、生後十二日ごろまで夜は一カ所で、親のもとで眠っている。移動開始となるや、ヒナたちは親の後に続く。冒険の旅のはじまりに違いない。先々でどんな危険に遭うかなどとは、想像だにしていないだろう。博道は高鳴る胸をおさえながら、ついて行くことにした。

おやっ！

一〇分もしないうちに、一羽がいきなり砂上に伏せてしまった。博道は腹ばいでその場に近づいてみた。ヒナがいないではないか。

目の前から物が消えるマジックみたいだ。

なおもレンズを覗いていると、砂のかたまりが動いた。と思ったらヒナだった。立ち上がったヒナは滑るように走りはじめた。

体のわりに長い足をしているからか、ヒナの背は高く見えた。

ヒナの体は横からはうす黒く見える。真上からは羽毛の模様が砂粒にそっくりで、保護色になっている。

これなら上空から狙っているカラスには、ヒナだとは分かりにくいだろう。

歩いているときに危険を感じると、その場に止まり地面に臥せ、外敵から身を護っているのだ。

生まれついての知恵なのか。親鳥から授かった保身術なのか。

やがてヒナたちは、親鳥の後について無事に水辺へと到着した。

走りはじめたかと思えば止まり、クチバシで砂をつつく餌のとり方は親の伝授か？

夜間は寝ている。

やがて巣の周辺を低く飛べるようになったヒナは親元を離れていく。

観察者にとってはフィルムを早まわししているような時間でも、シロチドリにとっての十二日間は、巣立ちまでには不可欠な成長時間なのだ。

これら「成長の証」の旅立ちを祈りをこめて見送るしかない。

（無事に育てよ！　また会えるといいな）

巣立ちまでを見守っているうちに、羽毛などのちょっとした特徴で、個体識別ができるヒナもいた。

何組ものつがいの観察は、博道に壮絶な場面も見せてくれた。侵入者をよせつけたくない場所を確保する意識が強くな

体のわりにヒナ（左）の足は長い

り、縄張り争いが始まる。つがいごとの場所の取り合いは痛々しいほどだ。

それが鎮まっても、またつきとめずにはいられない問題が発生することも。

ありがとう！　シロチドリに大拍手や。

ねばり強く食らいついてる自分にも拍手や。

「擬傷」すがたを目撃

巣から四、五メートル先の砂浜でのこと。

一羽のシロチドリが五〇、六〇センチほどの高さまでヒラヒラと舞い上がった。

スーッとおりてきたかと思ったら、また舞い上がる。不自然な飛び方を四、五回くりかえした後、動かなくなった。

釣り針を飲みこんでいたのだ。喉をつき破っている針を取り外すのは無理だ。波うち際に漂っているシロチドリの死因の多くは釣り針事故なのだ。

犬や猫などに捕まってしまうもの、暴走するバイクにひかれて、砂に埋もれてしまうものもいる。

中身を食べられたのか、空っぽになってしまった卵が浜にころがっている。

かと思えば、博道をドキリとさせるシロチドリがいた。

群れているうちの一羽が、左足を引きずりながら歩いている。双眼鏡で確かめると、三本の指のまん中が短い。いや、ほとんど無いといってもいい。辛そうには見えないが、気になる。そのシロチドリを注視していた。

仲間うちで争いでもあったのか？

すると、群れは何かに驚いたのか、一斉に飛びたった。その場所で待ってみることに。十羽ほどが坐っている博道の横に、舞いおりてきた。中指の無いのがいるではないか。飛べるのだ。不自由さを感じさせない動きだった。ヤレヤレ。

「元気で生きてるよ」と、見せにきてくれたと思いたい。

博道は気にとめてはいたが、この後、二本指シロチドリの姿を見ることはなかった。困難をのりこえて育ったとしても、命を全うできるとは限らない。人間はどこまで救いの手をさしのべられるだろうか？


夜中に雨が上がった肌寒い朝のこと。

抱卵中の親がいる巣を目指した。

孵化する三日ほど前から、卵の中からヒナのような声がしてくることがある。

そろそろ卵の声を聞けるかもしれない。

双眼鏡で親の腹の下を見たが、卵がない。

いやな予感をふりはらい、さらに双眼鏡を覗き続けてみた。すると、かすかに……

ピィ　ピィ　ピィ。

よかった！　すでに生まれていた。

親の羽の間からヒナの羽毛が見えた。

と、博道に気づいた親鳥が立ち上がった。

ピィッ　ピィッ。

聞きなれているはずのかん高い声なのに、胸騒ぎがする。

巣から飛び出した親鳥は、これ以上は広がらないだろうと思うくらい両羽を広げ体を傾けた。

そして、けがをしているかのように尾羽を引きずって、博道の足元に近づいてくる。

睨みつけるような鋭い目つきは、博道の足をすくませた。

「おいおい、何も悪さはせんよ」

ピンときた。

（ああ、これが擬傷（ぎしょう）だ。擬傷しているんや）

「擬傷」とは、敵に気づいた親鳥が子を守ろうとする本能的な行為のこと。危険を察知するや巣を離れ、弱っているように見せかけて、敵の眼を自分の方に引きつける動作だ。

敵の目を逸らし、敵が油断したすきを見せたら巣にもどる。

博道が初めて見た〝擬傷現場〟だった。体を張って卵を護ろうとする親鳥から、敵視された方は、その必死の行動に圧倒されて足がすくんでしまう。

博道は巣から目を逸らし、そっとその場から離れて近くの木陰に坐りこんでみた。

やがて巣からかすかな羽音がした。親鳥は巣にもどっていた。

観察に慣れてきた博道は、少しくらいのアクシデントには焦らなくなっていた。

でもこの「擬傷」光景は、シロチドリの健気

羽を広げ体を傾ける擬傷行為

さを心に深く染みこませるものだった。

巣から七メートルほどの所まで近づくことができ撮影も可能だったが、この後は、「七メートル以上は厳禁とする」と決めた。

もっと撮りたくなっても堪える。

（今日はこれでお終いや。ありがとうな）

我に返ってひと息つくや、赤黒くなった首すじも二の腕もピリピリ、チクチク。

直射日光に焼かれ続けると、肌は半端ない火傷状態になる。

夕暮れどきには、大群の蚊の攻撃に遭う。

蚊は、こちらが動かないでいるのを見透かしているように、攻めたててくる。

浜にいる蚊は、生き残りをかけてでもいるかのように強くて貪欲だ。

日焼けのピリピリチクチクと、蚊の痒みの二重の災難は、歯を食いしばって耐えるしかない。こんな目に遭った日は、手早く道具類を片付けて帰宅する。

夏、熱い砂の上では足を交互に上げ下げして暑さをしのぐ

夕飯もそこそこに、写真のチェックをしメモをまとめる。ひとり悦に入りながら写真を確かめる楽しさを、独り占めする。

思い通りの収穫の無かった日の悔しさに、歯ぎしりする夜があっても報われる。

シロチドリはメスだけが抱卵すると考えられていた学会の定説を覆す発見を含め、約三年に及ぶ博道の調査、研究に「日本鳥学会奨励賞」が贈られた。『アニマルライフ』（一九七二年）に掲載されるなど、ゆるぎない実績を残した。また、これらのレポートには、後の人工繁殖の報告と共に、ドイツ、カナダ、中国など諸外国の研究者たちから多くの称賛の声が届いた。

この晴れがましい受賞には前段があった。

前年の一九七一年、日本鳥類保護連盟主催の全国鳥獣保護実績発表大会が開かれ、二年前発足した「淡路のチドリを守る会」の活動が表彰されたのだった。野生の鳥獣保護活動をしている党内の小中学校、一般のグループなどの指導役の千里が会場の環境庁に出向いた。

まだおぼつかない部分のある活動ではあったものの、全国的に広がり始めた保護活動の見本になるとして選ばれたのだった。

当日使用のスライドは、博道が撮影した写真から選りすぐったもの、会場にかけつけたのは、当時都内に住んでいた大学生の俊道で、父子三人が結集した晴れ舞台だった。

それらは博道の心を潤し、励ますものになり、この後の観察の糧にもなった。

第三章

シンボルバードを護ろう

留鳥と渡り鳥

千里の友人のひとりに、鳥類研究家の小林桂助がいる。小林は、博道が物心ついたころから、鳥についてやさしく解説をしてくれ、質問にも応えてくれる先生だった。

大阪南港の干潟に渡来するシギやチドリ類の研究者でもあり、七年がかりで採集した三十九種もの鳥の記録を残している。

千里はそれらの記録や写真を眺めては、小林をよく質問攻めにしていた。

博道は、そんな千里が羨ましかった。

白熱するやりとりに耳を傾けているうち、いつのまにかひきこまれてしまう。

博道は、小林宅を訪れたときに『原色日本鳥類図鑑』（小林桂助著）を眺めるのが好きだった。この大がかりな本は「コバケイ図鑑」の愛称があり、研究者のみでなく、一般の鳥好きにも親しまれていた。

「自分では調べ尽くしたつもりでも、まだまだ知らないことが多い。相手は生きものだから、いつまでも待ってはくれない。チャンスを見逃さず、観察し続けるしかないんだ」

小林は博道を励ましてくれた。

「一緒に調べてみてもいいよ。わたしらが生きているうちに、結論が出るかどうかは分からないことがあるかもしれないがね……」

「こうしている間にも、どこかで何かが変化を続けている」

こんなやりとりも、断片的ながら、博道の耳に残っている。

とくに気に入ったひとつに、「シロチドリは昔から周年見られる留鳥と思われていた」というものがあり、「ならばなぜ、季節によって個体数の増減があるのか？」という疑問もあった。

淡路島であれば、九月下旬に北方からやってきて、冬の間を島で暮らし、春先に北に戻るのがいる。その一方で、同じ場所に居つづけている、越冬シロチドリもいる。

逆に春から夏に淡路の地で繁殖し、成長したヒナと共に南方に渡るのもいるという。

この入れ替わりに気づかずにいて、同じ鳥が一年中いるものだと思われていた。

一般には夏に見られるのを夏鳥、冬に見られるのを冬鳥と言っていた。

二人の大人は楽しそうな会話の後に、「事実、真実を知りたければ、チドリと一緒に、飛んでいくしかないな」と笑っていた。

身近にいて人をなぐさめ、和ませてくれる生きものの生態を知り、人はその環境づくりの手伝いをするべきではないか。

子ども時代にそんな想いを抱いた博道の心は、今も変わってはいない。

今こそ島のシロチドリの営巣地を調べるときだ。思い立ったが吉日というではないか。

そうだ。できるときにやらなければ。

慶野松原を皮切りに生息数を調べよう。

冬の浜辺で見た！　九十五羽

博道は〝島のシロチドリの実態を知るぞ〟と決心。徒歩で島を巡って調査するのだ。

淡路島にも冷たい季節風が吹き始める十一月の初め。

シロチドリが生息している場所を確かめるところからのスタートだ。人目の届かない浜にも足を運ぶ。こんな所でよくも子育てができるなと驚くような場

渡りをするシロチドリと越冬するシロチドリがある

所こそ、よく見なければならない。

この歩き旅用の装備品はテントと寝袋のみという簡単なもの。服や靴も新しいのを誂（あつら）えることはなく、あり合わせで間に合わせた。

荷物は防寒用のジャンパーくらいだ。

「診療仕事は心配せんでいい。よう見てきてほしい」

千里に見送られて、歩き旅は見慣れている近くの浜からスタートした。

夜は浜の平らな場所にテントを設定して、ジャンパーを着こむ。

カメラ、カウンター、メモ用紙を枕元においていた。見慣れているはずの浜なのに、心細さを感じる夜だった。

よく眠れないままに迎えた朝、好奇心旺盛なカラスがテントをつつきはじめる。

カラスの鳴き声とテントを揺らす風が実に騒がしい。

淡路島

島内を巡る調査旅の予定は、一日に二〇キロほど歩く。約八日間かかるその距離の合計は約一五〇キロという旅だ。

結果は十一カ所の砂浜に、計九十五羽のシロチドリを確認できた。生息数が多かったのは慶野松原で、予想していた通りだった。

一つがいしか確認できない浜では、近くの浜も探し続けてみた。人の出現にあわてて飛び立ったシロチドリには、博道の方が腰を抜かしそうになったり。

タンポポの綿毛のような羽毛が、草にこびりついていると、ドキッ。

(チドリの羽か?)

怪我でもしていなければいいがと、砂地を這(は)いつくばって探してみたり……。

かと思えば、縄張り争いをしているのか、甲高い声を上げながら、つがい同士がつつきあっているのも。やがて静かさがもどる。

(今のうちにちょっと休んでおくか)

目を閉じるや、子どものころに見ていた空が浮かんでくる。青く澄み渡っていた冬の空に、急に分厚い雲がたれこめてくる。

すると寒々としている空に、シロチドリが一斉に舞い上がった。ゴマ粒をふりまいたように飛びまわる空から、やがてその姿が消えるまで、独り眺めていることもあった。

（今もあんな風景は見られるんかな）

島巡りの旅にはアクシデントもあった。

慣れているはずの、履いてきた地下足袋には酷い目にあった。底の薄さのせいか、指間からいつのまにか血が滲みでてきた。

靴屋探しをしながら歩いている県道で、顔見知りの農家の女性に出会った。

「牛の先生ですよね。どうされたのですか」

事情を話して、靴屋を案内してもらい、登山靴を買うことができた。

「キジの保護をなさっている大先生のことを新聞で見ました。よく野鳥を助けていますね」

千里の話題に悪い気はしない。ところが、「若先生はチドリの調査なんですか。島にチドリはいるんですか？　わたしはまだ見たことがなくて」には声を失った。

また、博道が背負っているリュックサックを見ながら声をかけてきた五十代の男性は、島に住み始め

観察に使ったカメラを構える博道。右は現在のカモフラージュテントの代用（1985年）

てまだ三年目だという。

淡路には昔から歌にも詠まれているチドリがいて、正式名を〝シロチドリ〟だということを最近知った。でも実物をまだ見たことがないと、申し訳なさそうに言った。

旅を終えてみて、島民のシロチドリを含めた自然環境への関心の低さをつきつけられた気がした。

（調査しただけではあかんな。現状を知ってもらわんと）

購入した靴のおかげで、快適に歩けるようになったものの、こわばったふくらはぎや足首は、しばらく湿布の世話になった。

（この調査結果を、島民が意識を高める資料にしよう。これを活かす努力をせねば）

まず一市十町（当時）の議会「淡路総合開発促進協議会」に報告した。記録を掲載することができ、調査記録を目にした関係者からは、労いや心配の声が届いた。

これらの事実が島民の目や耳に届くよう、がんばらなければ。

（次の調査は繁殖期や。産卵、孵化数を確かめてみなければ）

野鳥のための禁猟区

千里の家畜医院には、仲間同士のけんかなどで羽を傷めたり、羽毛や口に釣り針をひっかけた鳥が、連れてこられる。

針の先で胃壁をつき破られているシギ。

からみついた釣り糸のせいで、足が切断されてしまっているカモメなどもいる。

治療しても野生復帰できない鳥は、リハビリ用のケージで飼うことになる。

傷ついた鳥は、けがの程度によってケージに入れ、飛べるようになれば放鳥している。

幼稚園児が見学にやってくると、一時、小鳥のさえずりよりにぎやかな声がひびく。

それでも、気分はほのぼの。博道は手をふってくれる園児たちに応えて、手をふる。

保護されてくる鳥はいっこうに減らない。

千里は、農薬が原因で命を脅かされ、犠牲になっている野鳥の多さに焦っていた。

川や池が、農薬類に汚染されれば、水質の悪化で魚は減少し、野鳥も餌に困窮する。

同様に農薬の害を心配している俊道は、自宅のある南あわじ市周辺の川の調査をはじめていた。

「気づいた者がやるしかない」

親子の意志統一合言葉だ。

千里は、もうひとつの心配の山林に目を向けた。

「禁猟区の申請をしなければ」

洲本市につながる南あわじ市の、一〇〇ヘクタールほどの土地を禁猟区にと提案した。

「農薬は人の命も脅かすから深刻だけど、鳥を護ろうというのは難しいかもしれない」

と思いながらの書類申請だった。

千里の申請は予想外の速さで認められ、野鳥の保護区が設定されることになった。

「このような申請が認められたのは、戦後初めてのことだそうだ。自然保護に理解を示す人が増えてきたということかな」

千里の報告に博道と俊道は、お互いの肩をたたきあって喜んだ。

千里はこの後、さらに野鳥を守るための方策を役所にかけあった。

現在は環境省の管轄だが、陳情や申請の窓口は各地の役所にあった。

東京の三宅島から譲りうけた三十羽のコジュケイを、保護区に放鳥することができた。

博道たちも、コジュケイの〝チョットコイ、チョットコイ〟という独特の鳴き声に、野鳥が身近に感じられた。

この後、コジュケイは淡路の山や野に広がり、生息が確認されている地域もある。

川や池の水の農薬汚染が薄まっていったことは、水面スレスレを飛んでいる鳥の数が、示してくれていた。目のいい鳥は元気な魚の姿を見失うはずはない。


慶野松原が白砂青松の景勝地として周知されていくにつれ、観光客が増加しはじめた。けれども、それが野鳥の命を奪う事故につながることになってしまった。車で砂浜を走り抜けていく若者たちは、野鳥には関心はないようだ。関心というより知る機会がないのかもしれない。

だから、目立たないシロチドリの営巣場所も知らない。とっさに飛び立てる成鳥は難を逃れられても、卵やヒナはタイヤに轢(ひ)かれてしまいそうだ。

独自の観察を続けている俊道は、このような現場を見る度に、心を痛めていた。

「ここにシロチドリが営巣していることを知らせよう」

保護エリアの注意の看板の設置を、博道に提案した。

「効果は期待できんと思う。天敵の目から逃れられても、不注意な人間には勝てんやろ」

乗り気にはなれない博道だった。

「そうかもしれない。看板がシロチドリの居場所を教えているわけだから」

「卵を持ち去る人もいるかも……」

「心ある人間を信じるとするか」

墨汁で手書きした大きな板をいくつかの巣のそばに立てた。

〜要注意！　ここにシロチドリの
巣があります。大きな音をたてたり
踏んだりしないようにお願いします〜

兄弟は一週間ほど、早朝のうちに看板の現場を交代で見回った。その心配は空振りに終わった。悪行の跡は無くホッとした。

しかし、これで安心というわけにはいかない。裏返してみれば、シロチドリへの関心の低さの表れとも言える。

この活動は、博道の島一周調査旅後、いくつかの地域で始まっていた。

他の砂浜でも「シロチドリの卵にさわらないで」「そっと見守りましょう」の看板作りを始めたボランティアが出てきて、兄弟の心をほっこりさせた。

さて、一九七〇年代の初期は、野鳥の卵を孵化させ育て上げるのは、動物園や水族館などの専門家の仕事とされていた。

一般の野生の生きものへの関心は薄く、野鳥に対しても、保護や人工的に繁殖させようという気運にはなっていなかった。

千里はかねてから、島にとって開発は欠かせないと分かっているが、今ある自然を壊さずに、という条件は欠かせない。

千里は、公的な立場にいて実行力に富んだ人に、話してみようと思った。

一九六〇年に、洲本市長になった山本安郎に提言した。

山本は、千里の洲本中学校（現洲本高校）の恩師で、千里の活動の理解者でもあった。

山本は「淡路のシンボルが消えてしまわないうちに」と、保護と繁殖の必要性を訴えていた。

千里の提案は一市十町の「淡路総合開発促進協議会」の活動として採り入れられることになった。

一九六九年のバードウイークに、「淡路チドリを守る会」が結成され、保護活動が始まり、博道は会の相談役に推薦されて多忙になった。

シロチドリの実地調査や観察などの実績が評価されていたからだ。

海岸に捨てられたごみとシロチドリ

一九七一年、シロチドリは「淡路の鳥」に指定され、淡路島のシンボルバードになった。父子三人の結束が実りはじめ、博道や俊道の活動を知る役場や学校の職員も増えた。

博道たちは、シロチドリの写真や生態解説書がほしいと申しこまれ、それらの注文に応えるべく、写真と解説を組み合わせたパンフレットを作った。

シロチドリの話を聞かせてほしいという各地の集会などは、俊道の出番だった。

酪農協同組合の業務に関わっている俊道は時間のやりくりに苦労しながらも、引き受けていた。

これまでの俊道独自の調査による、島の生きもの分布や、生態についての話も貴重だと喜ばれた。俊道の資料には住民を納得させる確かさがあるからだ。

「長い年月、島で暮らしていながら、意識も関心も薄かったことを後悔してます」

話し終わった俊道に、頭を下げて帰る老人がいたりした。小中学校には博道と出かけることも多くなった。

俊道の話し方は滑らかとはいえないが、子どもたちの耳目を集中させていた。

二人は帰りの車の中で、同時にハーッと大きく息を吐く。できるだけのことをやった充足感とお疲れさんのため息だ。

「分かりやすく話すのは難しいな」

「兄さんもずいぶん慣れてきたと思うよ」

シロチドリを護ることは人間の生活を守ることでもある。人も鳥も安心して暮らせる島でありたいと、淡路の子どもたちに、理解してほしい。

それが兄弟共通の願いになっていた。

博道のもとに《自分たちができる砂浜のゴミ拾いなど、身近なところから親子でやっています》という手紙が母親から届いたり、

「シロチドリの先生、また来て下さい」

子どもたちから声をかけられて、手をふりあったりすることもあった。

飼育下の繁殖に成功

一九六六年、世界中の絶滅のおそれのある野生生物の危機の程度によって、カテゴリーが設定され、『レッド・データ・ブック』(国際自然保護連合) として発行された。

動植物の中で、一個体も生存しなくなった状態を絶滅といい、その恐れのある野生生物を危機の程度によって四段階にカテゴリー分けして、絶滅危惧種として示した。

「絶滅危惧」という言葉は、博道の「シロチドリの人工繁殖に挑戦しよう」という気持ちを強くした。

博道の決意を千里は受け止めた。

今こそ、これまで根気よく観察を続けてきた息子たちのデータが生きるときだ。

大小のケージには、治療、リハビリをしても野生への復帰が難しい野鳥が常時いる。それらのケージに仕切りをしたり、増築をすればいいのだ。

千里のキジの飼育経験、俊道の調査力が必要とされるときがきたのだ。

このころの国内は、野で生きているものは野におけばいい。人が手を出すべきではないという風潮があった。

野生生物の研究や保護については、心ある人たちの間で情報交換は行われていたが、組織的なものではなかった。

けれども、専門家や研究者たちに任せておいては、やがて絶滅してしまうという危惧があった。

世界の動植物への関心の高まりに遅れをとってはいけないと気づく人たちもいて、千里もその一人だった。

一九七二年春、かねてより千里が環境庁（現環境省）に申請していた繁殖のためのシロチドリの卵の捕獲許可が下りた。

人工孵化や繁殖が認められたのだ。

野外の巣から卵を採取し、孵化させたヒナを人の力で育てる手間のかかる作業だ。

博道たちにとって初めての挑戦だ。

どこの卵を採取するか？

これまで観察してきた多くの巣の中でも、慶野松

野鳥の保護、リハビリ用に設けている大小のケージ

原の卵を選ぶことにした。

慶野松原は他の浜に比べて、観光客が多いので、人間の不注意で犠牲になるシロチドリもいる。

採卵には気をひきしめてとりかからねばならない。また、シロチドリの特質でもあるお互いの強い縄張り意識にも要注意だ。

お互いにつつきあったり、追いかけっこ程度ならば遊びの範囲の仕種に見えるが、本気としか思えない、その現場を見たときは呆気にとられてしまった。

緊張しながらも刺激しないように巣に近づき、三個の卵を採ることができた。

採餌のためか、親鳥が巣を留守にしていたからこその成功だったのかもしれない。

卵の扱いについは、千里のアドバイスもあるが、博道なりの方法を試してみたかった。

(抱卵中のチャボを使ってみよう)

別ケージで抱卵しているチャボが、巣を離れたわずかの間に、素早くシロチドリの卵と入れ換えてみた。

チャボは、自分のよりはるかに小さい卵を温めかけた。が、長くは続かなかった。チャボの体重で卵は割れてしまったのだった。

甘かった考えを反省し、次の抱卵候補のドバトへ。ドバトも受け入れてはくれず失敗に終わった。これで諦めるわけにはいかない。

それを見ていた千里は、博道をなじったりはしなかった。

頼みの綱は卵を自動的に孵してくれる「孵卵機」だ。この後に採取した卵は死なせたくない。孵卵機は、博道の願いに応えた。正しい使い方をすれば、無精卵でないかぎり、ヒナは誕生した。

次にひかえているのは「育てる」だ。

目安の生後四十日目までヒナを育雛箱に預ける。ヒナは、自力で生きていけるようになる。今後の飼育、繁殖のために、より育ちぐあいのいい数羽を残し、放鳥する。


いよいよそのときがきた。

記念すべき第一回目の放鳥には、俊道も駆けつけた。

シロチドリにとって、初めての空はどう映るのだろう。すぐに飛んでいけるのか？

そんな心配をよそに、ケースのとびらが開くや、三羽とも舞い上がった。

空は初めての若鳥たちには、人の声は聞こえていないだろう。

この先は人間のあずかり知れない世界だ。人間は、シロチドリたちが安心して生きていけるように、良い環境を考えてやればよい。

「放鳥する」というけじめの行為には、見送る博道の複雑な思いがあった。

俊道は別の思いで見つめ、つぶやいた。

「自然界で育った砂浜組と、ケージ組の体力に差はあるのかな」

「どうやろな。こちらとしては、寂しさはあるが、肩の荷がひとつおりた気がする」

広い世界に出たものの、縄張り争いや餌の奪い合いはあるにちがいない。

この放鳥イベントは、淡路島のシロチドリの生態、数少ない鳥を守ろうとする博道たちの活動の様子と共に、民放テレビの全国配信で紹介された。

未来に向けての希望的なニュースは、淡路島にとって誇らしい出来事だった。

シロチドリを見たいと、遠くから訪れる人も増え、ケージ前はにぎわった。

親鳥に育てられたヒナたちは、人の手が触れないまま育っていった。

タイミングよく交尾し、産卵にこぎつけているのもいて、子孫を残しているシロチド

飼育下の親鳥とヒナ

リたち。たくましく愛しい鳥だ。

彼らの成長に大切なのは餌だ。

購入できる冷凍したオキアミの他、ゴカイ、焼いて粉末にしたフナなど。博道はシロチドリが川洲で食べているものを中心に揃えた。

〝チドリ保育園〟園長であり、給食担当でもある博道は、この先の繁殖に適した栄養を考え与えている。

食べっぷりの良さで、生きた虫が好物だと分かると、園長は捕虫網を持って出かける。

園長の餌の工夫が功を奏し、園児たちは育ち上がっていった。

「こちらの努力を受けとめてくれてありがとう。こんなに小さな体に、大きな力を秘めているおまえたちはエライ！」

これらの体験は、やった者ならではの喜びだ。博道は深呼吸をして、胸を張った。

あるとき、ニワトリのゆで卵を与えてみた。

ヒナを育てるには餌にも工夫が必要

ゆで卵は飼育下の多種の鳥によく使われている。衰弱した鳥の活性剤にもなるからだ。試しに、いつも喰いつきのいいヒナに、ゆで卵だけを与えてみた。成育状態がいいので続けてみた。ところが半年もしないうちにそのヒナは死んでしまった。栄養の偏りのせいだったのか？

逆にオキアミしか与えなかったヒナが、繁殖力を維持した上に、何年も生存していることがあった。餌の種類やとりあわせで、抜群に繁殖力をつけたのもいる。まだ研究、工夫の余地はある。

また、高栄養のためか攻撃性が増し、他の鳥をつつき殺してしまった鳥もいた。

それぞれの遺伝的要素も作用するようで、ひとくくりには断言はできないのだ。

これらの飼育現場体験は、その後の繁殖に役に立つことが多かった。

育て上げたヒナのうち、強そうな数羽を残し、くりかえし放鳥できるようになった。

シロチドリに限らないが、事実を正確に把握してはじめて「実証」される。

予想外のつまずきがあれば、さらに時間を要することも覚悟しておきたい。

全てが順調にいくとは限らない人工繁殖だが、シロチドリには適していると言える。

しかし、原因不明のまま、息絶えてしまうヒナがいると、心を強くひきしめる。

同じような失敗をくりかえさないためには徹底的に調べ、試行錯誤をくりかえしながらの時間も必要だ。飼育、繁殖体験が、苦心の末に得た結論であっても、博道は人に問われたときは「自分の知り得る限りでは」と話すことにしている。

さて、博道がシロチドリの繁殖に没頭しているわけにはいかなくなった。鳥類を健やかに生かしてやりたいという、愛鳥精神のある世界の人たちが動きだした。そして世界にやや遅れをとったものの、日本でも環境庁が日本版レッド・データ・ブック『日本の絶滅のおそれのある野生生物』を、一九九一年に発行した。

この後、一九九五~九九年にかけて行われた国際自然保護連合の決まりに基づいて見直された。シロチドリは、もっとも絶滅の危険がある種（Ⅰ）に続く、絶滅の危険が増大している種（Ⅱ）に入った。

シロチドリは保護しなければ消滅をまぬがれない種ということなのだ。

博道には「絶滅危惧種」という事態に実感はなかったが、厳しい現実が目前に迫ってきているのは痛感していた。

シロチドリが、いきなり殖えることは考えられないが、ある日、気づいたらいなくなっていたということは、想像したくないことだが、あるかもしれない。

「またお話、聞かせてね」

博道は子どもたちに声をかけられるときには　生きているシロチドリの実態を知ってほしいと、願うようになっていた。

「今度、一緒にチドリを見にいこうな」

繁殖の試みは官民一体で

淡路島のリゾート構想による開発が進み、一九八〇年代後半には〝チドリのふるさとの復活を目指そう〟の声も、自治体で高まりはじめた。

高度成長による環境悪化の加速が、全国的に数字で示されるようになると、自然保護の声が強くなっていた時期でもあった。

シロチドリの減少が心配される中でも、慶野松原には大きな影響は無いようだった。

そんな折り、シロチドリの繁殖地のひとつでもある津名町（現淡路市）が《淡路島チドリ研究所》を立ち上げた。

博道はその現場監督の役割を託された。

自宅の施設でのシロチドリの飼育、繁殖の実績があったからだった。

そこに「専従で飼育担当をしたい」と申し出た人物が現れ、博道を驚かせた。

津名町役場の職員の清水誠治だった。

清水は、柏木和三郎町長の車の運転をはじめ秘書的な仕事をしていた。町長は清水の心意気に即応した。

「チドリ専任の飼育員を命ずる」

町長の快諾を得るや、清水は早速、博道のもとにやってきて、シロチドリには関心がありながらこれまで飼育に携わる機会がなくて残念だったこと、この機会に町の役に立てればうれしいなどと話した。

「先生、よろしくご指導をお願いします」

そして「大工仕事も素人なので上手くできませんが」といいながらも、役場の一角に飼育用のケージを設(しつら)えた。それも短時間のうちに完成させて、博道を感心させた。

清水は、毎朝八時前から仕事に取りかかっている。

「毎日、ひとりで掃除や餌の世話をこなしているのは大変やね」

博道の労いの言葉に清水は笑顔で
「いいえ。飼育は命を預かる責任ある仕事です。それだけにやりがいがありますね」

「わたしもそう思っとるよ。心配なことがあったら、いつでも連絡して」という博道に、清水はよくアドバイスを求めてきた。

ある日の夕方、博道は、立ち寄ろうとした飼育施設の前にいる二人の人影に気づいた。

ひとりは清水だった。

「何か問題でもあったんか？」

「いいえ、やり残しがあったような気がして来たのですが、心配ありませんでした。それより先生、強力な助っ人が現れましたよ」

会釈した青年は役場の職員で、「薄木昌洋と申します」と頭を下げた。

とくに清水と親しいわけでもなく、飼育そのものに興味を抱いているわけでもないという。ところが、薄木は写真に詳しく、撮影の得意技があるという。それを清水が、強力な助っ人と言ったのだった。

カメラ談義をするうち、薄木はビデオでシロチドリの撮影をしたいと、言いだした。

施設内にカメラを設置すれば、二十四時間シロチドリの動きが見られるという。

鳥のビデオ撮影は初めてだが、挑んでみたいとも言った。

長時間の撮影でまだ確認できていないシロチドリの生態を知ることができるかもしれない。博道は、薄木に撮影を依頼した。

薄木は、半年ほどの間に撮りためた、四十数本ものビデオテープを差し出し、博道を感心させた。

博道はこれまで確認できなかったシロチドリの夜間の行動を知りたいと思っていた。

そのひとつが、深夜のビテオで判明したのだった。ケージ内に産み落とされている卵を見ることはあっても、産卵とその前後の現場を確認したことがなかったからだ。

それがある夜のビデオで目撃できたのだ。

日付の変わる直前、一羽のメスがソワソワと巣の出入りをくりかえし始めた。疲れるとしばらくして坐りこむが、またソワソワが始まる。これが二時間以上も続いていた。と、一羽のオスが近づいてきた。オスはメスに寄りそい始めた。メスが動くと離れまいとするように、後を追う。

そして、メスの下尾部をクチバシで盛んにつつくようなしぐさを始めた。またソワソワと歩き回るメスを追いかける。そして、メスの腹部に顔をくっつけて、二分ほどしたとき、メスは立ち上がり産卵した。卵は尖っている方から出てきたのが確認された。

オスは産卵の気配を察知して、メスを励ましていたのだろうか。まるで出産に立ちあってでもいるかのような行動だった。

しがみつくようにしてビデオを見つめていた博道の手は汗ばみ、しばらくは声も出なかった。十分な照明があるわけでもないビデオながら、貴重な産卵のデータが残された。夜間のシロチドリの動きを知ることは難しいが、それができたのは、ビデオ撮りした薄木の大手柄だ。

この記録は、博道のシロチドリへの労いの気持ちを、一層強いものにさせた。博道にとっては事実確認できた喜びだったが「官・民一体になっての協力の賜物」ともいえるビデオだった。

博道、清水、薄木の三人が顔を合わせると自然にビデオ談義になり、和やかなシロチドリ時間となるのだった。

博道の体験談で飼育上の餌の大切さを知ったという清水は、「冷凍オキアミは釣り具店で買えますが、生のを食べさせてやりたくて」と時間をみつけては、シロチドリの好物を探して、甲虫類の幼虫などを採取していた。

「疲れていても、この子たちに会うと、穏やかな気持ちになれるから不思議ですね。向かい合っているうちに、何か通じ合うものがあるんですよ。生かしておくだけが、飼育ではありませんよね。先生には繁殖を成功させる責任上、ご苦労もあるでしょうね。いろいろ学ばせていただけて、ありがたいです」

清水はテレくさそうに、頭をかいた。

「いやいや、こちらこそ、記録していただいた飼育データには助かりましたよ」

博道は、清水とは年齢も近いところから、〝チドリ友だち〟になっていた。

清水は、津名町が近隣の町との合併で、飼育をやめるまでの間、充分に責任を果たしてくれた。

津名町育ちの最初の二羽をはじめ、飛び立たせたシロチドリは二十数羽に及んだ。

手抜きのない清水のシロチドリ育ては、「趣味が役に立って嬉しい」と喜んでいる薄木のビデオと共に貴重な参考資料になった。

役場の施設での人工繁殖の成功は、いつのまにか人と人を繋げてもいた。

第四章

千里の墓に誓う

兄弟の視点の先に

博道はこの朝もまだ暗いうちに、なじみの慶野松原に出かけた。

シロチドリの巣のある砂地に見え隠れする人影に気づいた。

浜にやってくる多くは日中なのに、早朝からとは、よほどのシロチドリ好きなのか？

(こんな時間に誰やろ？)

それとも他に目的があるのか。

カメラの大きさからすると、報道関係者か、プロのカメラマンかもしれない。

近づいてみると、俊道だった。

「驚いた。よう来ているんか」

「兄さんか。シロチドリを見るなら空も海も新鮮な朝がいいんだ。兄さんは薄暮に目覚めるチドリが好みだというけど」

「薄暮の目覚めは、チドリ独特の世界や。それにしても、待ち合わせしたわけでもないのに、ここで会えるとは」

俊道は、島に生息している鳥類の環境保全活動にも関わっている。関係者からの依頼で調査することもあるが、観察の楽しさがたまらないのだ。
シロチドリの数の増減については、博道同様に気にかけていた。

ピピッ　ピピッ　ピピッ　ピピッ。
ピピッ　ピピッ　ピピッ。

ひとしきり、シロチドリのささやくような声に心和むと、それぞれの家へ。

「二人の生息計数に大差がないのは、我らの観測は実数をつかんでいるということやな」

「誰もほめてはくれんがな」

俊道もうなずく。

町役場などに、チドリに限らず「けがをした鳥がいる」というSOSは、まず俊道のもとに連絡がいく。そして、治療担当の父、千里にバトンタッチ。この連携プレーは、緊急事態発生時に大いに役立っている。三人の暗黙「いつでも動けるようにしておこう」は、

弟、俊道とカメラを据えたカモフラージュテント

の了解だった。

運びこまれてきた鳥が、軽傷であっても油断しない。できる限りの手を尽くしているので、助かる野鳥は多い。

兄弟の生きものへの眼差しは、〝事実をつきとめ、的確に対処する〟という、千里の精神そのものだ。

すぐに応えられない場合の、応急措置マニュアルも考えている。

千里の判断力やバランス感覚は、二人に受けつがれていた。

千里は日ごろから「野鳥の飼育は慎重を要するが、繁殖となるとさらに難しい」と戒めていた。〝繁殖、増殖〟の願いには、それなりの裏付けが必要だとしていた。

千里は、シロチドリの繁殖について、手を尽くしている博道に、説教めいたことは言わない。厳しい目を保っている博道は〝殖やした命〟に真正面から向き合っていて、「これでいいのか、間違いはないか？」と、シロチドリだけでなく、自らの研究にも時間をかけ、身近な生きものにも向き合っている。

ライバル意識はなく、俊道の論文なども吟味しては感心している。

自然界の現象や変化を見逃すまいと立ち向かっている弟には、歯が立たないと認めている博道だ。

ときには食い違いがあっても、口角泡をとばして議論することはない。

でも俊道とは本気で論争してみたいと思う博道だ。

千里は二人の息子の性格や、それぞれの持ち味の違いに、優劣をつけたり、比較することはしなかった。

博道には、自分が関わった〝命〟に向き合う真摯な心。俊道にはこだわりに集中し、つきつめていく力。ときに抑えきれないほどの好奇心を示しても、二人は押し止める力も持ち合わせている。

兄弟それぞれの個性を千里は、

「それがいい。それでいい」

俊道には地域の子どもたちとのふれあいがある。それが子どもたちの興味につながり、学習にも役立っていた。

キジの放鳥

俊道は、小学校の環境学習の講師や自然観察、鳥類の生態解説なども引きうけている。学習の場には不可欠の人材になっていた。

町役場の相談窓口に、子どもたちが見つけたキジの卵が託されたときのこと。

連絡を受けた俊道は、博道へとバトンタッチ。博道は、その六個の卵が孵化したら、子どもたちに〝放鳥〟に立ち合わせてやろうと俊道に伝えておいた。

二十四日後、その日がきた。

キジの卵を発見した小学生はじめ、キジの飛び立ちを見たいという子どもたちが公民館に集まっていた。

「これ、あの卵から生まれたの？」

「そうや。これからも卵を見つけたときは、知らせてな」

小学生たちは、六羽が入っているケースを覗きこみながら、放鳥のときを待った。

「これから空を飛べるよ、気をつけてって、キジに声をかけてあげて」

「ハーイ！」

ひとりの女の子が、深呼吸してからケースの扉をそっと開いた。

すると飛びだしたキジは、バタバタと一気に数十メートルほども飛んだ。

「キジさん、元気でね！　さよならー」

女の子は手をふりながら叫んだ。

六羽のキジの姿が消えると男の子が、俊道に聞いた。

「キジは育った場所を覚えているの？」

「どうかな？　いつか飛んできてくれるといいね」

俊道は、キジが世話をしてくれた人や、住んでいた場所を覚えている、と言いたいところだが、そこまでは答えられない。

こんなとき、俊道には千里の顔が浮かんでくる。

「気に入った場所を見つけて巣作りして、卵を産んでほしいね」

あのキジの子や孫が、いつかこの場所に飛んできてくれたらいいなと、俊道も思う。

キジをはじめ、これまでに千里が育てた鳥の中には、放鳥された場所の近くに来ているのがいるかもしれない。

俊道は、子どもたちがいろんな鳥を観察でき、想像力をふくらませる機会を、もっと作ってやりたいと願っている。

同種であっても大きさ、重さ、足の太さや長さ、羽毛の長短、色合いなどには違いがある。ナマの姿を見れば、興味は広がっていくだろう。

自分たち兄弟には、幼いころから、いつも生きものと触れ合える場があった。

それが仕事の基本になり、新鮮な気持ちで日々を暮らせている。

「子どもの好奇心の芽生えには、そばにいる大人の感性とも関係あるね」

「そうやな。面白いものに出会ったら、その先には、もっと面白いものがあるかもしれないと、想像力を働かせるようになるだろう。それには大人の感性が必要やな」

「いい感性か……」

キジを放鳥した夜、兄弟はしみじみと想いを語り合った。

こんなとき、二人に共通した経験談が出る。

中でも胸に残っているのは……。

認めたくない数字

それは兄弟の絆を感じさせる出来事で、一九七〇年の初冬にさかのぼる。

二人が偶然にも同じ時期に、淡路全島のシロチドリの生息数を調べていたときのこと。それぞれの記録を後で照らし合わせると、最初の年は博道が九十五羽。俊道の計測数は九十二羽で、二人の数字は近かった。

これはたまたまではない。

これがきっかけで、翌年からほぼ同じ条件で調査を続けることになった。

「これは偶然ではないな」

「不思議なことでもない。我々の調査は信用できる数字だから」

この地道な調査そのものが、兄弟の絆の深さも証明しているようなものだ。

それにしても、二十年間に三分の二になってしまった生息数は嘆かわしい。

この数字をつきとめた上は、原因を調べ、回復の手だてを考えていくしかない。

同じ方向を見つめている視線も、兄弟の絆の強さを示していた。

二人はこの調査が役立つことを確信した。

クチキコオロギ再発見

一九七三年の秋、千里が煙島でクチキコオロギを発見してから四十三年後のこと。

千里の将来の道標ともなったクチキコオロギを、俊道が淡路島内で見つけた。

俊道が洲本市内の三熊山の遊歩道を散策しているときのこと。

聞き覚えのある虫の声に足を止めた。

その声はクチキコオロギに違いなかった。

千里の発見以後、自分も確かめたかった俊道が、煙島行きのチャンスを得たのは、千里の発見から三十年後だった。

朽ちかけた木のうろにいる確率が高いと聞き、歩き回りながら待ち続けた結果、俊道は鳴き声を耳にすることができたのだ。

報告を受けた千里は顔をほころばせた。

その後も煙島にだけいると思われていたクチキコオロギが、本島内にいるではないか。

俊道は木によじ登って確かめた。

千里の発見したクチキコオロギは、かつてはオオコバネコオロギと呼ばれていたこと、数は少ないものの、国内の数カ所で発見されたことなどで、研究者からも注目されるようになっていたのだ。

体の数倍もの長さの触覚をわずかな風になびかせ、短い羽を立てて鳴く。

紛れもないクチキコオロギが、目の前に現れてくれた。

煙島からやってきたのか。それとも人に気づかれないまま島内にいたのか。

このニュースには千里も目を輝かせた。

俊道は、三熊山での調査を続ける一方、島内の分布を調べてみることにした。

人手の入らない照葉樹林を主とした森林に生息しているため、環境は自ずと限定されてくる。俊道は、懐中電灯のみの光で、夜中の山中を、探し廻った。

クチキコオロギの生態を確かめたいばかりに、山通いを続けているうちに、頭の中にコオロギマップができあがってきた。

どの山のどの木に何匹いるかを、確かめることもできた。クチキコオロギの生息密度は三熊山が高かった。

「目や耳でゆるぎない事実を確かめて、正確な知識を伝えられるようになれ」

千里のアドバイスのおかげだ。

また、クチキコオロギ探査では、俊道に新しい二つの出会いが用意されていた。

まず、コオロギの研究の第一人者で、音響学の専門家の松浦一郎との出会いだった。

「クチキコオロギの最初の発見者に会って、伝えたいことがある」と、千里を探していたという。

これまで専門書に無かったクチキコオロギの記載を、国内初の発見者である千里の了解を得たいと依頼をするためだった。

二つ目は、俊道が三熊山で発見したクチキコオロギで、手元で飼いはじめたペアの間に赤ちゃんが誕生したことだ。

「兄さん、見て、見て」

「ようやった！」

博道は、顔の汗も気にせずに報告する俊道の執着心に、またしても舌を巻いた。

三熊山のクチキコオロギ再発見の後の誕生情報も、専門誌に紹介された。すると、クチキコオロギが日本国内の太平洋沿岸の温暖な気候の森などに、わずかながら生息していることが分かってきた。

俊道たちには研究者から直接伝えられた。

また、わずかだがクチキコオロギは淡路島全体に広がっていることも判明した。

父子間にさらに喜びをもたらしたクチキコオロギだった。

兄弟にとってこうした情報の積み重ねが、次のステップへの道標ともなっていた。

千里の遺言

一九九三年五月、千里が永眠した。

長患いすることもなかった七十九歳の千里の旅立ちは呆気ないものだった。

この朝も、「急ぎの診療も入ってないせいか、寝坊してしまった」と、欠伸(あくび)をしながら起き上がってきそうな千里の顔を、博道は枕元で見つめていた。

日ごろから問題なしの健康体というわけではなかったが、だいたいは投薬のみで済ませていた。周囲に気を遣わせないように努めていたかのようだった。

旅立った日は牛農家の診療予約があったはずだ。なかなか現れないので「先生がまだお出でにならないのですが」の電話がくるかもしれない。

出張往診が中心の牛馬などの診療には、博道もよく同行していた。決まった休日の無い日常だったので、「出かけるぞ」の声がかかってきそうな気のする日が、しばらく続いた。

千里は七十代になってからも元気で、体調のグチをこぼすこともなく、いざというときには頼りになる大(おお)先生だった。

博道の長女、ゆう子が中学３年時に描いた、新聞を読む千里

予定を書き込む黒板には、亡くなった日の後の三日間には何も記されていない。

旅立ちの日を予知していたかのようだと、博道と俊道は顔を見合わせた。

千里は、博道たちの母親でもある妻を五十代半ばで亡くしていた。その後は、身の回りの雑事も一人でこなしていた。

朝は四枚もの食パンと、近隣の農家から届く牛乳や野菜を平らげていた。食べ物に好き嫌いはなく、用意された食事への不満もないようだった。

ただ、夕食にはサツマイモをよく食べていたので、イモの多食で栄養が偏ってしまったのではないかとの声があった。

周囲の者には不思議な食生活に見えた。

兄弟は「自分の体を医学に役立てたい」と言っていた千里の意思に応えることにした。遺体を引き取りにきた大学の車に運びこまれた千里を見送った。

「叱ったり、励ましてくれたりする人間はいなくなってしまったな」


千里の遺骨は家から離れた場所の代々の墓に埋葬した。が、三年後には敷地内に改めて設けた墓に移すことにした。

(生きものの声が聞こえる方がいいやろ)

千里への二人からの贈りものだった。

数の増減はあるものの、ケージ内には絶えず、大先生を待っているかのような野生動物患者がいる。具合が良くなっても、居ついてしまった鳥もいる。

姿を現さない千里の帰りを待っているかのようでもあった。

博道の朝は墓参から始まる。

「今日もよく観ていて下さいよ、お父さん」

千里の墓の周囲には、馬、山羊、犬、猫、時々侵入してくる小さな野生動物もいる。

たくさんの生きものの声に囲まれていても安眠できるにちがいない。

墓前から立ち上がると、博道は食餌を待つ動物たちのもとへと急ぐ。

第五章

淡路の空 高く羽ばたけ

シロチドリ使者の飛来

二〇二〇年三月、淡路島にいつも通りの春がやってきた。それよりほんの少し早く来島したのが、原彩菜だった。

原は、島内にある学校、兵庫県立大学大学院に入学するために、北海道は札幌から飛んできたのだ。

その学校には、一度は社会生活を経験した後に、さらに自分の可能性を見いだしたい学生が全国から集まっていた。

原は、故郷の札幌を、人も生きものも快適に生きられる環境にしたいという夢を抱き、大学で四年間学び、大学院では高分子化学を学んだ。

卒業後、札幌のテレビ局に就職し、北海道各地を廻り歩く報道記者に挑戦。

企画は採用され、過酷な取材でも弱音を吐くことなく、放送される喜びは格別だった。

けれども制限時間に縛られている番組内での伝達は厳しい。

限られた枠内では伝えられないジレンマに悩み続けるようになった。

「視聴者にいろいろなヒントを与える役割を担っているのがテレビの仕事」「焦らなく

てもやりがいのある仕事のチャンスはあるはずだから」。先輩や仲間からの応援の声もあったが、どうも納得がいかない。そんな折り「淡路島にある学校なら、あなたの望みが叶う勉強と実践ができるかもしれない」と聞いた。

信頼できる知人からの勧めで飛びこんだ先が、二年課程の淡路景観園芸学校（兵庫県立大学大学院　緑環境景観マネジメント研究科）だった。

淡路島での新生活を始めたとき、三十代になっていた原だったが、（札幌に戻ったときに、この学校で得たものをきっと、役立ててみせる！）

これが、シロチドリとの出会いとなり、博道、俊道兄弟ともつながることになった。


年齢幅も出身地も様々な級友たちとの生活が始まった。それぞれの興味、関心に基づいたテーマを見いだして研究する。そして一年修了時には、その成果を発表するのだ。

島内でのテーマ探しが楽しみの原の心は爽やかだった。島内を見廻るうちに、独特の海浜植物が次々と目に飛びこんできて、その植物の傍にいる鳥たちにも興味を抱いた。

島のシンボルバード、シロチドリは自分たちにとって必要な環境の中で長い間、生きてきたに違いない。

砂浜に自生している植物は、ハマボウフウやコウボウムギという名で、これまで見たことはなかった。ハマヒルガオくらいしか知らなかった原にとって、新鮮な驚きだった。テーマを〝海浜植物と島の鳥たち〟に決めた。海浜環境を守ることは、シロチドリが安心して生きられることにつながる。

（研究テーマが島の環境保全の役に立てればいいな。きっと役立つ！）

すぐに緑環境景観マネジメント研究科の藤原道郎教授に報告。

教授と意見交換しているうちに、原の想いは広がっていった。

シロチドリの生活の場の砂浜が減りつつあり、このままではシロチドリの減少は防げない。それぞれの地元の浜の営巣地を守ろうとしている住民がいることも分かった。

これらを子どもたちに伝えなければと、心配している人たちがいることなども教授に伝えた。

原は、島内を歩きまわりながら、住民主体の活動のネットワークになるのが望ましいと思い始めた。

観察を続けていたある日、ワークショップなどを催している「慶野松原盛上げて委員会」と名乗る、年齢層に幅のあるグループに出会った。

委員会の目的は地域の活性化だというメンバーは、原との出会いを喜んでくれた。

（ここには郷土愛に溢れた人たちがいる！）

メンバーの面々といつのまにか打ちとけていた。
（地域の活性化につながる資源を調べてみよう。まず慶野松原だ）

翌日からは砂浜通いが始まった。

歩きながら、頭から離れない写真のことを考えていた。それは教授から貰った『慶野松原の過去の自然環境の報告書』に紹介されていたモノクロ写真で、原の心をゆさぶった最初の一枚だった。

砂浜のくぼみに等間隔でうずくまっている二十羽ほどのシロチドリの写真だった。

原は、強い風のおさまりをジッと待っているシロチドリの姿に、ひきつけられていた。

昔から親しまれているシロチドリこそ、慶野松原の貴重な資源といえる生きものだ。

その撮影者は博道で、これが俊道とも会うきっかけになった。俊道の慶野松原でのレクチャーを受けることができるのだ。

楽しみに出かけた原は俊道から「二〇〇八年を最後に、慶

調査中の原彩菜。右は巣や卵を守る保護柵

野松原での営巣は確認されていない」という衝撃的な事実を知らされた。

博道も加わり、三人の島内での啓発活動の始まりだった。

まずは淡路全島のシロチドリを調べなければ、という気持ちになった原は、カメラ、双眼鏡、計数器などを揃えて、調査開始。

原が砂浜を歩いていると、二人の子どもを連れた母親らしい人が声をかけてきた。

「何か調べているのですか？」

北海道からシロチドリを調べに来たという原を、不思議そうに見つめた。

原は、以前よりシロチドリが減っているのは、島の環境悪化のせいだという、博道や俊道の資料で分かったことを話した。

「ここで生まれ育ったわたしたちが、知らなかったでは済まされませんね」

母親はすまなそうだった。

「チドリは無防備な砂浜で命の危険にさらされながら生きているんですね。巣を踏んだりせず、巣の周辺の植物を荒らさないようにするなど、気をつけてほしいですね」

そして、自分は限られた期間の生活が終われば札幌に戻ってしまうことも話した。

「お勉強でいらっしゃっていたんですか？」

「はい。でもシロチドリのことを考えると、このままでは帰れそうにありません」

原はこのとき、北海道にはすぐに帰れないという気持ちになっていた。

「海辺の植物を傷つけないだけでも、シロチドリを護ることにつながるんですよ」

原は会ったばかりの地元の家族に親しみを抱いた。そして、しみじみ思った。

（人と人はこうして話していくうちに交流が深まっていく。それも未来を考えれば、子どもたちに話した方がいいんだ）


数日後の午後、慶野松原を散策中に、どこからか鳥の声がしてきた。ささやいているようでもあり、何か主張しているようでもある声は松の根元からだった。

ここの松には、陽あたりをよくしようという人の配慮が生きている！

枝にも根元にも日光がさしこんでいる。

こうすることで、元気になる松は周りの動物も生かしている。また、それが人間を清々しい気持ちにさせてくれている。

原の胸は、じんわりとしてきた。

この後、慶野松原から少し離れた、シロチドリが営巣している砂浜に出てみた。

いきなり現れた一羽が、高く澄んだ鳴き声を上げ、目にも留まらない速さで歩き去っていった。シロチドリがこんなにも愛らしい声の鳥だったとは。

翌日、まぶしい陽射しの砂浜で見つけた巣に、そっと近づいてみた。

体をふくらませているのは、親鳥にちがいない。

産卵期の巣には親は来ないようだと聞いていたが、来ていた。雌雄交替で巣に出入りすることが、後に確認できた。

自分の目で確かめる楽しさを改めて実感した原だった。

夏季の好天時、気温の上昇によって、死んでしまう卵があるという。親鳥はどんな方策で卵を護っているのだろう。

親は産んだ卵を護るための擬傷行動をとること、雌雄が交替で抱卵することがあるなども、観察豊富な博道から聞くことができた。

島民への願い

熱心な海浜調査行動によって原は、環境問題を話し合う集会などから「その結果を話してほしい」という要請を受けるようになった。

原としても、それらに参加することで住民からの情報を得られるので、双方にとって意義ある時間だ。この先も、シロチドリの繁殖に加わりたい原には、博道や俊道からの調査記録の提供はありがたい。

博道にとっても、原の発言や行動力はいい刺激となっていた。

原には、シロチドリのためにも、子どもたちに自然へのアプローチをしてもらおう。

すでに確認されていることでも、変化はつきもので、それが自然現象だ。

有形無形の事象については「自分で確かめるべき」という千里の言葉そのものなのだ。


二〇二一年二月。学校（緑環境景観マネジメント研究科）の研究発表の日。

原は、シロチドリの実態調査に基づいた発表で、環境の保護には地元住民の連携が大切なことを訴えた。いくつかの地域では環境保全ネットワークができつつあり、すでに活動しているグループがあるのは心強いとも。

「皆さんのシロチドリへの思いが実現していくといいですね」

原は島民への願いをこめた言葉でしめくくった。

シロチドリを中心とした淡路全体を考えている原のメッセージは、広報誌などでも紹介された。

原は、自らが参加する以上、島民の活動を見届けなければという気持ちが強くなってきた。思えば、北海道の環境を危惧し、何かせずにはいられない気持ちになったあのとき。

胸の中のわだかまりが、ついにはシコリになり、固まってしまうところだった。

「すっきりしない気持ちのままで、帰るわけにはいかない」。原はつぶやいていた。

原の淡路島で過ごす時間は一年を切り、梅雨も終わりの七月半ば。

慶野松原を中心に植物の調査をしながら、ビーチバレーコートの脇を通ろうとしたとき

（シロチドリの卵かしら？）

ビーチクリーナーのタイヤの轍（わだち）の跡で、砂にそっくりの模様の二つの卵を見つけた。

気づかずにいれば踏んでしまうところだ。

（これではカラスに見つかってしまう！）

俊道に連絡すると、卵はシロチドリではなく、コチドリだと分かった。

コチドリも島内で営巣するチドリ類で、シロチドリ以上に適応力があり、繁殖力もあるという。シロチドリが姿を消した浜でも、営巣していると教えてくれた。

「親が帰ってくるかもしれないから、少し離れたところで見ているように」と、俊道はアドバイスしてくれた。

しばらくすると、親が戻ってきたので、原はそっと立ち去ることにした。

危機にさらされながらも、命をつないでいるコチドリ。この観察体験を、島民たちに

「淡路にはシロチドリの他にも、健気な鳥がいるんですね」と話そうと思った。

また、シロチドリの生息数を調べているうちに、地元の人たちが、現状をどのくらい把握しているのかを知りたいと思った。

そこで砂浜から近い何軒かの家を訪ね歩いて質問してみた。すると、

「シロチドリが近くにいることは知っているが、まだ傍で見たことはない」という家族。

「島の人ではないあなたが、なぜシロチドリのことを気にかけているのか」と、質問されることもあり、言葉を失った。


暮れも迫った日の午後、住民に向けて、この年初めてのシロチドリ説明会が南あわじ市で行われた。

これがきっかけになり、原は淡路島各地の住民への説明会への出席を求められるようになった。

「慶野松原盛上げて委員会」をはじめ、住民の声は次第に大きくなり、原のもとには、各地からの応援の声が届きはじめた。

「淡路島ちどり隊」の発足

二〇二二年一月、シロチドリと海浜保全を目指して、「淡路島ちどり隊」が結成された。

原は、活動の継続に必要な三つの柱を、▼海浜環境の改善▼生息数の増加▼認知度の向上と設定とし、説明会は淡路市で行われた。

そして、これまでの観察をもとに、

「シロチドリが卵を産んで孵化できる環境を整えることが大事。これをより多くの人に知ってもらうこと」

原は参加者の支持を得て、立ち上がったばかりの、淡路島ちどり隊の隊長に推された。

これまでの島内全域にわたった調査活動や各地の調査グループを結び、把握していることなどの評価が高く、

「原さんをおいては考えられない」と、多くの声があったのだった。

「手遅れになる前に、島民の架け橋になってほしいです」の声には、隊長を断る理由は見つからなかった。住民との繋がりに運命的なものを感じる原だった。

発足時に八人だった隊員は、二〇二三年三月現在、島内十カ所の小学五年生から七十

歳代までの三十人余に。七十八歳の博道ももちろんメンバーのひとりだ。

活動の動き出しは速かった。

自治体からの要請で動くのではなく、ちどり隊メンバーの自発的な意見が、原には心強く、誇らしかった。

その後に、淡路島ちどり隊の新聞報道がきっかけとなり、活動を把握した環境省から、《越冬期のシロチドリの個体数調査》の依頼を受けることになった。必要経費は公費が負担することも決まった。

その一回目の調査が無人の成ヶ島で行われることに。多くの人の心がまとまって動いてこそ、環境も護れるものだと、原は再確認できた。

各地域での調査報告や今後の活動についての説明会が予定され始めた。

淡路島ちどり隊の提案は、兵庫県港湾課、自然環境課への協力要請として、保護エリア、保護柵の設置の申請など、行政も一体となって進み始めた。

大学院修了後の原は、兵庫県立大学の客員研究員を務めることが決まった。

島内の小中学校から招かれるようになり、子どもたちと直に話ができるようになった。

原の提案の「島内のすべての子どもたちに、シロチドリについて学んでほしい」は受け入れられた。

手始めは南あわじ市の中学校、淡路市の小学四年生に向けた授業だった。淡路市内の小学校には、原隊長に加えて、博道、俊道も特別講師としてそれぞれの資料を携えて参加した。

原は小学生用にはシロチドリ減少の原因やその対策について、写真やイラストを用いて自らの観察結果を解説している。

▼営巣地や餌場が、砂浜の減少や川の決壊による改修工事などで減っている。

かつては繁殖地だったという慶野松原では、今はシロチドリの巣が見当たらない。でも隣接している浜に移動していたつがいがいることが分かりホッとした。

また豊富な餌場だったという、潮の満ち引きでできる中洲は、何組ものつがいが餌の奪い合いで、縄張り争いをしている。

もう一カ所、営巣地に近い餌場の川洲が川の決壊でなくなり、修復工事をしたというが、現在も洲は現れない。

人間にとっては大切な工事だが、これによる環境の変化はチドリにとっては生死に関わること。

▼人災による被害として

・砂浜での松葉焼きが、慶野松原での植生の調査で判明。松原内の林床から出た松葉を燃やして出た激しい煙と炎は、チドリだけでなく、煙や火を嫌う野生動物にはきつい。オーストラリアの山火事では、コアラをはじめ野生動物が窒息死している。

・シロチドリが営巣している場所の近くのビーチバレーコートの整備もきびしい。バレーコートの近くで営巣を試みていたシロチドリの巣は、人に踏みつぶされてしまったままで、巣の観察はされていない。

・砂浜の清掃車、ビーチクリーナーの往来を示す轍の跡。広い浜の清掃には欠かせないクリーナーだが、シロチドリにとっては安心して巣を作ることはできない。清掃車が餌となる虫や甲殻類を傷めつけてしまっている。
　ヒナがカラスなどから身を隠すことができる海浜植物を根こそぎ取ってしまうビーチクリーナーではなく、人の手でていねいに清掃してほしい。

・強風によっておびただしい数のゴミが砂浜に飛ばされてきて、浜ならではの海浜植物がダメージを受けている。とくにプラスチック片の影響で海浜植物は傷ついている。
　これらは人の生活環境も悪化させている。
　ゴミの発生をどう抑えるかという、根本的な問題も考えなければならない。

「シロチドリはわたしたちにとって生きる仲間。チドリたちが生きていける環境は、人間にとっても快適なんですよ」

原は、はじめのメッセージをもう一度強く伝える。

小学校での特別授業では、学校の近くの海岸に出て観察もする。

しばらく砂浜を歩いていると、少し離れた浜で営巣していたらしい三羽が現れた。

みんなは立ち止まり順番に双眼鏡をのぞき「思っていたより小さい」「歩き方が速い」。

近くにいるはずのシロチドリなのに、歓声を上げる子どもたち。これまでは遠い存在だったのだろう。原はちょっぴり寂しかった。

博道にとって原との出会いは、これまでの調査研究に、光が差しこんでくるきっかけになった気がした。原はシロチドリのメッセンジャーとしてやってきたかのようだ。

彼女には、淡路の子どもたちへの、末永いメッセンジャーであり続けてほしい。これが、博道からのメッセージだ。

俊道には、住民が救助した多種にわたる鳥の保護をしてほしいという要請がくる。

時間をかけてはいられないので、どれも気が抜けない。

また俊道は、獣医師の集まりに招かれると「島内に生息している鳥や植物のことなの

で ご存じだと思いますが」と、前置きしてからテーマに入っている。

「動物と関わっていながら、詳しく知らないことが多かったので、また教えてほしい」と、頭を下げられたりする。

原は、学校や地域の集会で、博道、俊道と顔を合わせることがある。

それぞれが資料を携えて出席し、近況報告するうち、三人で話す機会が増えていった。

シロチドリ兄妹といえる存在でもある。


二〇二二年初夏、成ヶ島が環境省直轄のシロチドリ保護区に指定されて間もないときのこと。

「淡路島ちどり隊」のメンバーは交代で島内のシロチドリの営巣地のチェックに通っている。この日は、成ヶ島で観察をすることになっていた。

原隊長はじめ、成ヶ島からは遠い地域のメンバーも集まっていた。

「ビーチクリーンに参加して、シロチドリが激減していることを知り、活動に参加した」という主婦をはじめ、観察は初めてという子どもたちもいた。

島内を回りはじめるや、

「昨日あった卵が無くなっています」

「カラスにやられたのか？」

「いや、カラスではない。前に来たときは見なかった動物の足跡が続いている」

メンバーの一人が浜から巣まで一直線に続いている生きものの足跡を発見した。

イタチだった。イタチにとって、シロチドリは捕りやすい食糧にちがいない。

犯人を確かめたからには、対策に生かしたい。浜辺を走るチドリの後を、一人がそっとついていってみると、二人の小学生がいた。

「シロチドリを見に来ていたんです」

「いつも護ってくれていてありがとう！」

二人は頭を下げた。

子どもも加わった観察会となった。

羽ばたけ　ちどり隊

原は淡路島での学生生活に区切りがつき、一旦、札幌に帰省することにした。

すでに「緑環境景観マネジメント修士」の学位を獲得し、同時期に「二級ビオトープ施工管理士」資格も取得、札幌での環境問題コンサルタント会社への就職を決めていた。

仕事は北海道内の自然公園の設計を担当。原の淡路島での活躍に理解を示してくれている職場では、ちどり隊での活動にも協力するという。

隊長としての原は、修了後の一年間、月に一回の来島と、その先も必要に応じて飛んでくることが決まっていた。

この活動は他県からも注目されるようになり、いくつかの県から、環境保全活動のノウハウについての協力要請を求められている。

資料提供やアドバイスで隊長は忙しくなるばかりだ。人との交流があってのシロチドリで、シロチドリがいての人の輪だった。

淡路で芽生え、育てられたともいうべき地域活動を札幌でも広げていこう。

決意した原は札幌に戻る前に、招かれた小学校で、

「シロチドリには、ずっと淡路にいてほしいです。十年後には、大人になっているみんなと、飛んでいるシロチドリを見たい。みんなはどう？」

子どもたちは、大きく頷いた。

原は博道を壇上に招いた。そして、

「あのときはみんな、シロチドリのこと心配していたね。でも、今はいなくなってしまわないようがんばっている。よかったね！」

窓を開けた原は空に向けて両手を広げた。

博道も空を見上げながら、「十年後、いや、五年後にはみんなでシロチドリを見られるように、がんばるぞ」とつぶやいた。


ここ数年のシロチドリの孵化率は三〇パーセント。無事に孵化したヒナは、選んだ浜へと移動できている。一腹三羽のヒナが全部孵らなくても、生命はつながっている。

ちどり隊の活動によって二〇二二年に確認された全島の繁殖は計五十六卵。孵化二十五卵中、巣立ちしたヒナは八羽。

シロチドリよ、よくぞここまで生命をつないできたものだ。エライぞ!

博道に「絶滅」という絶望はない。が、やらなければならないことは「繁殖」だ。

シロチドリ繁殖のための卵の捕獲許諾を環境省に申請しているところだ。

繁殖作業に取りかかれば、ヒナの誕生はまちがいない。

(シロチドリに安心して淡路の空を舞ってもらわんとな)

博道は、卵の捕獲許諾が可能になる日を前提に、人工飼育、繁殖のための準備を進めているところだ。

博道のもとには、シロチドリのみでなく、鳥類に興味、関心がある若者がよくやってくる。その際、飼育や繁殖に関わりたいと願っている若者の連絡先を聞いておくことにしている。

　ある日の午後、来るべき日に備えて、シロチドリのケージの修理をしていた博道の耳に聞き覚えのある声が。

「もう役には立ちそうもありませんが……」。かつて、津名町の役場の飼育施設でシロチドリを育て上げていた清水誠治だった。

　博道がシロチドリの飼育や繁殖に関わっていることを、新聞や広報誌で知っての訪問だった。

「よう来て下さった。あのときの知識と腕前を生かして、もう一度シロチドリ育てをしてみませんか」

「いやいや、もうこの年では無理ですよ」

「飼育現場には若い人たちの力がある。清水さんにはその飼育者を育ててほしいんです。島の希望のシロチドリ育てに、お互いにもうひと働きしましょう」

　清水は背筋を伸ばし、うなずいた。

目を閉じた博道の耳に、シロチドリの羽音が聞こえてきた。
さあ、これからまた忙しくなるぞ！

あとがきに代えて

獣医師　山崎博道

淡路島には古（いにしえ）より歌に詠まれているシロチドリが生息している。ふんわりとした羽毛に被われた姿や清らかで哀調をおびた鳴き声も多くの人の心を虜（とりこ）にしてきたようだ。
かつて慶野松原の観察会で詠まれた句の
～夕映えて　千鳥いとしむ　ささら波～（服部嵐翠作　一九七一年）
のように、自然界からも愛され受け入れられていることを示している。
潮の満ち引きによってできた島の干潟には、多くのシギ、チドリ類が飛来している。
かつてはそれらの中で最も多くいたシロチドリが、カラスや猫などの食害、人災によって減少しているのが嘆かわしい。

日本の代表的なトキとコウノトリが、姿を消してほぼ半世紀。現在飼育されているトキは中国産で、コウノトリはロシア産である。
諸外国の援助を得てはいるが、日本国内でその姿を見ることができている。

繁殖に成功している「コウノトリの郷公園」（兵庫県豊岡市）では、殖えた個体が野生化し、近年、その数が増加している。

淡路島に生きている者の一人として、シロチドリの減少に頭を抱えているだけでは希望がない。シロチドリをはじめ、これまでに関わってきた生きもののおかげで、心弾ませながら生きてきたわたしとしては、今こそ人工繁殖にとりかかるべきだと考えている。

まず、島民に〝希少種〟シロチドリの実態を知ってほしい。

例えば、餌ひとつにしても、販売されているドッグフードも適していることが判明している。餌のみでなく、活用することができるアイディアはいろいろあるはずだ。

シロチドリ定住の願いを叶えるためには公的な手が必要なことは申すまでもない。

気を揉んでいた折り、登場したのが北海道生まれの原彩菜さんだった。淡路景観園芸学校への入学のために島にやってきた原さんは、浜辺で出会ったシロチドリに魅せられてしまった。

早速観察調査を始め、保護活動へと発展したのが、わたしとの出会いとなった。

シロチドリの現状の発信に努め、島内の子どもたちにも伝え始めた。

「みんなが大人になるころには、たくさんのシロチドリにいてほしいね。どうすればいいのかな」という問いかけから始めた活動は、本書に紹介している通りである。

愛馬に乗って

さて、文中では熱帯系の大型のコオロギ、「クチキコオロギ」についても触れた。

父の千里と弟の俊道の絆を深いものにしてくれたクチキコオロギは、今も淡路島内で命をつないでいる。彼らも島の一員である。


また、特に珍種の生きものに出会ったときの歓びは大きい。そのひとつに、トリシラミバエの仲間の「タマダレトリシラミバエ」というシラミバエがある。

耳慣れないこのハエの認定にはドラマがあった。標本を見ても類似している種が多いので研究者に委ねた。

1997年、洲本市内のアオバズクから採取した。

専門家の認定を経て、この名称が発表されたのは、発見から十年余り後だった。

虫類には一度聞いただけでは覚えられないような名称が多い。この発表を心待ちにしていた友人と共に、遅まきながら歓びを分かちあった。生きもの関連にはこのように長い時間を要することが多い。

これからも様々な生きものとの出会いを楽しみながら、護っていきたい。

ここに至るまで、多くの研究者や先輩たちに支えられ励まされてきた。感謝の念を忘れることはない。

市井の鳥類研究家の小林桂助氏はじめ、ほとんどの先輩たちは他界されてしまった。先輩諸氏の志を継いでいくことがわたしの使命、役割だとも念じている。


こんな折り、シロチドリが脚光を浴びることになった。

二〇二四年秋、彼らをデザインした切手が誕生したからだ。青色の空をバックに、羽を広げたチドリたちの姿が、需要の多い１１０円切手に採用されたのだ。

大きな喜びを感じさせてくれる小さな鳥たちをこれからも護っていきたいものだ。

この本の著者は、『往診は馬にのって』と題し、馬で診療に廻っているわたしの生活を児童書にした、ノンフィクション作家の井上こみち氏である。出版後も島を訪れるようになり、それが今回の本の誕生のきっかけともなった。わたしと弟の生き方に多大な影響を与えた父親にも触れていて、父子の繋がりをさらに深いものにしたと言える。

「シロチドリを護り共に生きてほしい」は、彼女の淡路島民へのメッセージでもある。

二〇二五年三月

井上こみち（いのうえ・こみち）

ノンフィクション作家。

埼玉県生まれ。動物がテーマの著書を多く手がけている。『犬の消えた日』『犬やねこが消えた』『ディロン〜運命の犬』などは、テレビドラマやドキュメンタリー番組、舞台上演されている。

著書に『野馬追いの少年、震災をこえて』『かいくんとセラピー犬バディ』『氷の海を追ってきたクロ』など。新聞や雑誌に動物エッセイの連載多数。

受賞作に『海をわたった盲導犬ロディ』（第1回動物児童文学賞）、『往診は馬にのって』（第6回福田清人賞）、『カンボジアに心の井戸を』（第28回 日本児童文芸家協会賞）。

2020年、動物愛護精神に基づいた多くの著作により、動物愛護管理功労者として環境大臣表彰を受ける。


シロチドリの島（しま） 淡路（あわじ）に生（い）きる

2025年4月18日　初版第1刷発行

著　者　井上（いのうえ）　こみち
発行者　金元　昌弘
発行所　神戸新聞総合出版センター
〒650-0044　神戸市中央区東川崎町1-5-7
TEL 078-362-7140　FAX 078-361-7552
https://kobe-yomitai.jp/
編　集　のじぎく文庫
印刷所　株式会社 神戸新聞総合印刷

ISBN978-4-343-01268-5 C0095